"十二五"职业教育国家规划教材（经全国职业教育教材审定委员会审定）

全国高职高专院校"十二五"规划教材（加工制造类）

数控铣床 Fanuc 系统编程与操作实训

主 编 秦曼华 吴 娜

中国水利水电出版社
www.waterpub.com.cn

内 容 提 要

本书从实践到理论，又从理论到实践，加强实践性教学环节，融入充分的实训内容，体现了学做一体、工学结合的特点，使学生容易学。本书在编写时，以"任务引入→任务分析→相关知识→任务实施→考核评价→思考与练习"的工作和学习过程组织教材内容。根据学生特点，实行任务驱动、项目导向的"工学结合"教学模式，将学科系统的逻辑关系与工作逻辑关系以及教学做一体教学实施的教学方法有机结合，适合教学做一体的需要。

本书主要内容包括：熟悉数控铣床；刀具中心轨迹加工；轮廓铣削；平面区域铣削；孔加工；宏程序加工；曲面铣削；凸凹模铣削综合训练；加工中心加工程序编制。本书意在通过完成平板、轮毂、凸凹模等零件的具体编程、加工任务，使学生掌握数控铣削相关的工艺分析、编程指令和加工方法、步骤等，最终系统掌握 Fanuc 铣床的编程方法和加工技术。根据初学者容易出现的问题，在每个任务后面增加了操作提示，并增加了加工中心概述模块，介绍了加工中心和数控铣床编程的不同之处。

本书可作为高等职业技术院校数控技术专业教材，也可作为成人高校、本科院校举办的二级职业技术学院和民办高校的数控技术专业教材，还可作为自学用书。

图书在版编目（ＣＩＰ）数据

数控铣床Fanuc系统编程与操作实训 / 秦曼华，吴娜
主编. -- 北京：中国水利水电出版社，2014.8
"十二五"职业教育国家规划教材：经全国职业教
育教材审定委员会审定　全国高职高专院校"十二五"规
划教材. 加工制造类
　　ISBN 978-7-5170-2408-8

Ⅰ．①数… Ⅱ．①秦… ②吴… Ⅲ．①数控机床－铣
床－程序设计－职业教育－教材②数控机床－铣床－操作
－职业教育－教材 Ⅳ．①TG547

中国版本图书馆CIP数据核字(2014)第199679号

策划编辑：宋俊娥　　责任编辑：宋俊娥　　加工编辑：李海楠　　封面设计：李　佳

书　　名	"十二五"职业教育国家规划教材（经全国职业教育教材审定委员会审定）全国高职高专院校"十二五"规划教材（加工制造类） **数控铣床 Fanuc 系统编程与操作实训**	
作　　者	主　编　秦曼华　吴　娜	
出版发行	中国水利水电出版社 　（北京市海淀区玉渊潭南路 1 号 D 座　　100038） 网址：www.waterpub.com.cn E-mail: mchannel@263.net（万水） 　　　　　sales@waterpub.com.cn 电话：（010）68367658（发行部）、82562819（万水）	
经　　售	北京科水图书销售中心（零售） 电话：（010）88383994、63202643、68545874 全国各地新华书店和相关出版物销售网点	
排　　版	北京万水电子信息有限公司	
印　　刷	北京蓝空印刷厂	
规　　格	184mm×260mm　16 开本　14.5 印张　350 千字	
版　　次	2014 年 11 月第 1 版　2014 年 11 月第 1 次印刷	
印　　数	0001—3000 册	
定　　价	29.00 元	

凡购买我社图书，如有缺页、倒页、脱页的，本社发行部负责调换

前　　言

　　本书的编写以《国务院关于大力推进职业教育改革与发展的决定》《教育部关于加强高职高专教育人才培养工作的意见》《关于制订高职高专专业教学计划的原则的意见》等文件精神为基本依据。在选择和组织课程内容时，基于工作过程的完整性、系统性，以工作过程系统化构建项目课程。每个项目都是一个完整的工作过程。紧密围绕典型的职业活动，有目的地将工作过程融入专业学习中。学习与练习相结合，使知识灌输变成能力的训练。课堂上的所有内容都更加实用，对学生产生吸引力，彰显职业教育特色；强化教材的职业指向作用，理实结合，学以致用。

　　本书内容从实践到理论，又从理论到实践，加强实践性教学环节，融入充分的实训内容，体现了学做一体，工学结合的特点，使学生容易学。在理论与实践兼顾的基础上，做到把实践放在首位，理论不追求深，够用为度，同时注重培养学生创新意识理念和终生学习理念，让学生知道怎么学。拓展学生的知识面，为学生的可持续发展打下坚实的专业基础，以此构建本书的知识与技能体系。

　　本书特点如下：

　　（1）本书按数控铣床操作工的中、高级国家职业标准要求编写。教材编写从行业企业发展要求入手，分析了职业标准和岗位要求，根据企业一线数控铣床岗位职业能力分析，汲取了长年从事数控铣床操作岗位技术工人的经验与建议，以数控铣床加工的典型零件加工过程为载体，形成从简单到复杂的多个项目系统。同时融入行业发展需求的新技术、新工艺和新方法，真正把教产结合做到实处。

　　（2）编写基于工作过程，打破传统模式，选择以任务引入→任务分析→相关知识→任务实施→考核评价→思考与练习的工作和学习过程组织教材内容。根据学生特点，实行任务驱动、项目导向的"工学结合"教学模式，将学科系统的逻辑关系与工作逻辑关系以及教学做一体教学实施的教学方法有机结合，适合教学做一体的需要。

　　（3）在选择和组织课程的内容时，基于工作过程的完整性、系统性，形成从简单到复杂的多个项目系统。每个项目都是一个完整的工作过程。以岗位工作任务要求确定课程内容，紧密围绕典型的职业活动，有目的地将专业知识融入工作过程，使课程内容更加实用，更具职业特色。学生所掌握的知识和技能也更加扎实。将国家数控铣工职业标准融入课程标准和教学设计中，强化课程标准的职业指向作用。

　　（4）本书的编者队伍有长期工作于教育一线、既有教学经验又有企业经历的资深教师，还有来自于企业的技术人员及天津市技术能手的兼职教师。本书编者都有指导数控实训和指导数控大赛的经验。根据编者的多年培训经验，在书中添加了训练中的常见问题与解决方法等内容。

　　本书由秦曼华、吴娜任主编，钱逸秋、李国华参编。其中天津职业大学的秦曼华负责第一、

五、九模块的编写，吴娜负责第四、六模块及所有操作提示的编写，中德职业技术学院的李国华负责第二、三模块的编写，钱逸秋负责第七、八模块的编写。参与本书大纲讨论及部分章节编写的还有张凤志、范兴旺、李海楠，在此一并表示感谢！

由于时间有限，书中的不足与错误在所难免，希望读者予以批评指正。

编者

2014 年 7 月

目　　录

模块一　熟悉数控铣床

课题一　数控铣床开关、机操作

任务 1　数控铣床开机前准备

学习目标

1. 掌握数控铣床的结构功能;
2. 掌握数控铣床安全操作规程;
3. 掌握数控铣床启动前的准备工作。

 任务引入

　　数控铣床（图 1-1-1）是一种自动化程度高、结构复杂且又昂贵的先进加工设备，它与普通机床相比具有加工精度高、加工灵活、通用性强、生产效率高、质量稳定等优点，特别适合加工多品种、小批量、形状复杂的零件，在企业生产中有着至关重要的地位。操作者必须掌握数控铣床的功能结构，了解数控铣床的性能，安全操作、精心维护，才能充分发挥数控铣床的优势功效。

图 1-1-1　数控铣床（加工中心）

任务分析

数控铣床有哪些功能？我们如何启动这些功能？怎样才能将这些功能发挥到极致？其关键是安全操作、合理使用、精心维护。生产厂家不同、数控系统配置不同的数控铣床在操作上会有一些不同。首先要通读数控铣床操作说明书；其次要熟知安全操作规程。

 相关知识

一、什么是数控铣床

数控铣床是在一般铣床的基础上发展起来的，两者的加工工艺基本相同，结构也有些相似，但数控铣床是靠程序控制的自动加工机床，所以其结构也与普通铣床有很大区别。数控铣床是一种加工功能很强的数控机床，在数控加工中占据了重要地位。世界上首台数控机床就是一部 3 坐标铣床，这主要缘于铣床具有 X、Y、Z 三轴向可移动的特性，更加灵活，且可完成较多的加工工序。现在数控铣床已全面向多轴化发展。目前迅速发展的加工中心和柔性制造单元也是在数控铣床和数控镗床的基础上产生的。两者都离不开铣削方式。数控铣削工艺最复杂，需要解决的技术问题也最多，因此，人们在研究和开发数控系统及自动编程语言的软件系统时，也一直把铣削加工作为重点。

二、数控铣床的分类

1. 按主轴的位置分类

（1）数控立式铣床。主轴轴线垂直于水平面（如图 1-1-2 所示）是数控铣床中常见的一种布局形式，应用范围广泛。从机床数控绕控制的坐标数量来看，目前 3 坐标数控立铣仍占大多数；一般可进行 3 坐标联动加工，但也有部分机床只能进行 3 个坐标中的任意两个坐标联动加工（常称为 2.5 坐标加工）。此外，还有机床主轴可以绕 X、Y、Z 坐标轴中的其中一个或两个轴作数控摆角运动的 4 坐标和 5 坐标数控立铣。

（2）数控卧式铣床。主轴轴线平行于水平面，如图 1-1-3 所示。为了扩大加工范围和扩充功能，数控卧式铣床通常采用增加数控转盘或万能数控转盘来实现 4、5 坐标加工。这样，不但工件侧面上的连续回转轮廓可以加工出来，而且可以实现在一次安装中，通过转盘改变工位进行"四面加工"。

图 1-1-2　数控立式铣床

图 1-1-3　数控卧式铣床

（3）立卧两用数控铣床。图 1-1-4 所示，铣床的主轴方向可以更换，能达到在一台机床上既可以进行立式加工，又可以进行卧式加工，而同时具备上述两类机床的功能，其使用范围更广，功能更全，选择加工对象的余地更大，给用户带来不少方便。特别是生产批量小，品种较多，又需要立、卧两种方式加工时，用户只需买一台这样的机床就行了。

图 1-1-4　立卧两用数控铣床

2. 按构造分类

（1）工作台升降式数控铣床。采用工作台移动、升降而主轴不动的方式。小型数控铣床一般采用此种方式。

（2）主轴头升降式数控铣床。工作台纵向和横向移动，主轴沿垂向溜板上下运动；主轴头升降式数控铣床在精度保持、承载重量、系统构成等方面具有很多优点，已成为数控铣床的主流。

（3）龙门式数控铣床。数控铣床主轴可以在龙门架的横向与垂向溜板上运动，龙门架则沿床身作纵向运动。大型数控铣床要考虑到扩大行程、缩小占地面积及刚性等技术上的问题，往往采用龙门架移动式。

图 1-1-5　龙门式数控铣床

三、数控铣床的组成、工作原理及特点

1. 数控铣床的组成

数控铣床一般由主传动系统、进给伺服系统、数控系统、辅助装置、机床基础件、冷却润滑系统等几大部分组成。

（1）主传动系统。包括主轴箱体和主轴传动系统，主轴下端的锥孔用于安装铣刀并带动刀具旋转，切削工件。主轴箱还可沿立柱上的导轨在 Z 向移动，使刀具上升或下降。主轴转速范围和输出扭矩对加工有直接的影响。

（2）进给伺服系统。由进给电机和进给执行机构组成。按照程序设定的进给速度实现刀具和工件之间的相对运动，包括直线进给运动和旋转运动。工作台用于安装工件或夹具。工作台可沿滑鞍上的导轨在 X 向移动,滑鞍可沿床身上的导轨在 Y 向移动,从而实现工件在 X 和 Y 向的移动。无论是 X、Y 向还是 Z 向的移动,都靠步进电机驱动滚珠丝杠来实现。

(3)数控系统。数控铣床运动控制的中心,执行数控加工程序控制机床进行加工。

(4)辅助装置。如液压、气动、润滑、冷却系统和排屑、防护等装置。

(5)机床基础件。通常是指底座(床身)、立柱、横梁等,它是整个机床的基础和框架。床身用于支撑和连接机床各部件。

2. 数控铣床的工作原理

根据零件形状、尺寸、精度和表面粗糙度等技术要求制定加工工艺,选择加工参数。通过手工编程或利用 CAM 软件自动编程,根据编好的加工程序,由数控系统控制刀具和工件之间的相对运动,从而完成工件的加工。

3. 数控铣床加工的特点

(1)质量稳定。如果忽略刀具的磨损,用同一程序加工出的零件具有相同的精度。

(2)加工能力强。数控铣床尤其适合加工形状比较复杂的零件,如各种模具等。

(3)数控铣床自动化程度很高,生产效率高。

(4)柔性好,可以适应加工不同的零件。

4. 数控铣床的主要加工对象

(1)平面类零件。加工面平行、垂直于水平面或与水平面成定角的零件称为平面类零件,这一类零件的特点是:加工单元面为平面或可展开成平面。其数控铣削相对比较简单,一般用两坐标联动就可以加工出来,如图 1-1-6(a)～(c)所示。

(2)变斜角类零件。加工面与水平面的夹角呈连续变化的零件称为变斜角类零件,以飞机零部件常见。像飞机上的整体梁、框、缘条与肋等,此外,还有检验夹具与装配型架等,如图 1-1-6(d)所示。其特点是加工面不能展开成平面,加工中,加工面与铣刀周围接触的瞬间为一条直线。最好采用 4 坐标和 5 坐标数控铣床摆角加工,在没有上述机床时,也可在 3 坐标数控铣床上进行 2.5 坐标近似加工。

(3)曲面类(立体类)零件。加工面为空间曲面的零件称为曲面类零件。零件的特点:①加工面不能展开为平面;②加工面与铣刀始终为点接触,如图 1-1-6(e)～(h)所示。此类零件一般采用 3 坐标数控铣床。

(4)孔及螺纹。采用定尺寸刀具进行钻、扩、铰、镗及攻丝等,一般数控铣床都有镗、钻、铰功能。

四、数控铣床的基本功能

不同档次的数控铣床的功能有较大的差别,但都应具备以下主要功能。

(1)直线插补。

完成数控铣削加工所应具备的最基本功能之一,可分为平面直线插补、空间直线插补、逼近直线插补等。

(2)圆弧插补。

完成数控铣削加工所应具备的最基本功能之一,可分为平面圆弧插补、逼近圆弧插补等。

(3)固定循环。

固定循环是指系统所作的固化的子程序,并通过各种参数适应不同的加工要求,主要用于实现一些具有典型性的、需要多次重复的加工动作,如各种孔、内外螺纹、沟槽等的加工。

使用固定循环可以有效地简化程序的编制。

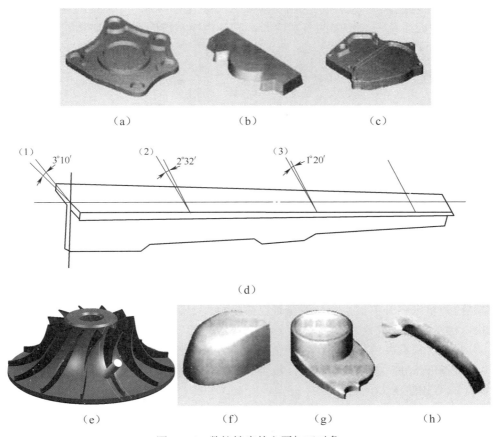

图 1-1-6　数控铣床的主要加工对象

（4）刀具补偿。

一般包括刀具半径补偿、刀具长度补偿、刀具空间位置补偿功能等。

刀具半径补偿：平面轮廓加工；

刀具长度补偿：设置刀具长度；

刀具空间位置补偿：曲面加工。

（5）镜向、旋转、缩放、平移。

通过机床数控系统对加工程序进行上述处理，控制加工，从而简化程序编制。

（6）自动加减速控制。

该功能使机床在刀具改变运动方向时自动调整进给速度，保持正常而良好的加工状态，避免造成刀具变形、工件表面受损、加工过程速度不稳等情形。

（7）数据输入输出及 DNC 功能。

数控铣床一般通过 RS232C 接口进行数据的输入及输出，包括加工程序和机床参数等。当执行的加工程序超过存储空间时，就应当采用 DNC 加工，即外部计算机直接控制数控铣床进行加工。

（8）子程序功能。

对于需要多次重复的加工动作或加工区域，可以将其编成子程序，在主程序需要的时候调用它，并且可以实现子程序的多级嵌套，以简化程序的编写。

（9）自诊断功能。

自诊断是数控系统在运转中的自我诊断，它是数控系统的一项重要功能，对数控机床的维修具有重要的作用。

 任务实施

一、开机准备

（1）操作者应经专门培训，熟悉机床的性能、结构、传动原理以及控制，持岗位操作证上岗。

（2）不得穿凉鞋、拖鞋、高跟鞋、背心、裙子和戴围巾进入车间。使用机床时，必须带上防护镜，穿好工作服，带好工作帽，不准戴手套。

（3）检查导轨润滑油箱的油量，油量不足时按规定要求加足润滑油。

（4）检查主轴润滑恒温油箱的油量，油量不足时应按说明书加入合适的润滑油。

（5）检查机床电气控制系统是否正常、润滑系统是否畅通、油质是否良好。

（6）检查压缩空气气源压力是否正常。

（7）检查机床各开关、手柄位置是否在规定位置上，检查工作台面的润滑情况，清除切屑和脏物，检查导轨面有无刮伤损坏。

（8）开车前检查各操纵按钮，各安全保险装置灵敏可靠方可工作。

（9）检查液压和气压系统的调整，检查总系统的工作压力必须在额定范围，溢流阀、顺序阀、减压阀等调整压力正确。

（10）不可拆卸设备上的安全装置或安全护罩。

二、安全操作规程

（1）开机前或作任何控制操作时，一定要确认机器内或机器工作半径内没有他人方可进行。

（2）机床应遵循正常的开机顺序。

（3）机床开机后应先回各轴机械原点。

（4）正确装夹工件，以防与刀具发生干涉或工件发生松动。

（5）工作台面上不准放置浮动物件，开车后先低速运转 2 分钟，使各部润滑正常后，再开始工作仔细核对输入内容，如程序、工件设定值、刀具补定值。

（6）在工件加工之前，为保证工件的正确性，机床应进行试运行。

（7）加工过程中，认真审查切削及冷却情况，确保机床、刀具的正常运行及工件质量。

（8）工件加工结束后，及时清理机床和环境卫生。

（9）关机前应先使机床各坐标轴停在中间位置，然后再按照正常的关机顺序进行关机。

（10）在加工过程中，工作台面不得放其他多余物，不允许以工作台面直接对刀，在接近被加工工件表面 15～20mm 时，不允许打快进刀，严禁划伤工作台面。

（11）禁止用铁锤敲打固紧的虎钳、分度盘和机床部件、附件，不得直接制止机床转动，吊装工件上工作台要慢运轻落，严禁撞击机床台面。

（12）如发生碰撞事故、突出故障，应保护现场并立即报告，进行现场处理，排故后方可继续工作。

（13）机床工作时，不允许擅自离岗。

（14）机床使用记录要认真填写，每天工作完毕要认真打扫机床，滑动部分涂润滑油，整理好工作现场。

（15）操作机床时，必须擦净手上油污，避免按键短路引起机床故障，机床有异常时要立即报告。

（16）绝不可用压缩空气去清理机器及环境。

（17）小心高压电，湿手绝不可触摸开关。

（18）任何电的问题应该由电器维修人员处理。更换保险丝时，必须关闭总电源。

任务2　数控铣床开机与关机

学习目标

1. 掌握数控铣床的正确开关方法；
2. 能够安全熟练地进行回零操作。

 任务引入

数控铣床如何启动？如何关闭？如何进行回零操作？数控铣床的开机与关机的正确方法是每个操作者必须熟知的。

 任务分析

要充分发挥数控铣床高精度、高效率的优势，数控铣床必须在稳定正常的情况下通电作业。数控铣床通电后，数控系统也需自检和初始化后方可正式进入工作状态。只要按照开、关机安全操作规程执行，数控机床的开机、关机并非难事。对于机床回零操作，需要掌握数控机床坐标系的相关知识，才能正确进行回零操作。

 相关知识

一、数控机床的坐标轴和运动方向

我国按照等效于 ISO841 标准制定了 JB3051-82《数控机床坐标和运动方向的命名》标准。

1. 刀具相对于工件运动的原则

由于机床的结构不同，有的是刀具运动、工件固定，有的是刀具固定、工件运动等。为编程方便，一律规定为工件固定，刀具运动。

2. 标准的坐标系

在标准中统一规定采用右手直角笛卡尔坐标系对机床的坐标系进行命名。用 X、Y、Z 表示直线进给坐标轴，X、Y、Z 坐标轴的相互关系由右手法则决定，如图 1-1-7 所示。拇指为 X 轴，食指为 Y 轴，中指为 Z 轴，指尖指向各坐标轴的正方向，即标准规定刀具远离工件的方向作为坐标的正方向。

3. 机床坐标系

在确定机床坐标轴时，一般先确定 Z 轴，然后确定 X 轴和 Y 轴，最后确定其他轴。JB3051-82 标准中规定，机床运动的正方向指增大工件和刀具之间距离的方向。

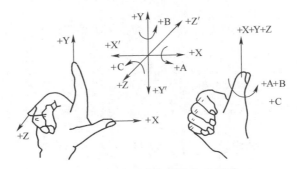

图 1-1-7　右手直角笛卡尔坐标系

（1）Z 轴。Z 轴的方向是由传递切削力的主轴确定的，与主轴轴线平行的坐标轴即为 Z 轴。如果机床没有主轴，则 Z 轴垂直于工件装卡面。同时规定刀具远离工件的方向作为 Z 轴的正方向。例如在钻镗加工中，钻入和镗入工件的方向为 Z 坐标的负方向，而退出为正方向。

（2）X 轴。X 轴是水平的，平行于工件的装卡面，且垂直于 Z 轴。这是在刀具或工件定位平面内运动的主要坐标。对于工件旋转的机床（如车床、磨床等），X 坐标的方向是在工件的径向上，且平行于横滑座。刀具离开工件旋转中心的方向为 X 轴正方向。对于刀具旋转的机床（铣床、镗床、钻床等），如 Z 轴是垂直的，当从刀具主轴向立柱看时，X 运动的正方向指向右。如果 Z 轴是水平的，当从主轴向工件方向看时，主轴的正方向指向右。例如立柱铣床，面对刀具主轴向立柱方向看，其右运动的方向为 X 轴的正方向（+X）如图 1-1-8 所示。

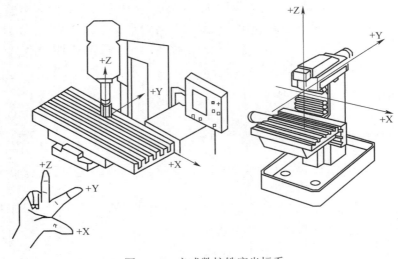

图 1-1-8　立式数控铣床坐标系

（3）Y 轴。Y 坐标轴垂直于 X、Z 坐标轴。Y 运动的正方向根据 X 和 Z 坐标的正方向，按照右手直角笛卡尔坐标系来判断。

（4）旋转轴。若有旋转轴时，规定绕 X、Y、Z 轴的旋转轴为 A、B、C 轴，其方向为右旋螺纹方向，如图 1-1-7 所示。旋转轴的原点一般定在水平面上。若还有附加的旋转轴时，用

D、E 定义，其与直线轴没有固定关系。

（5）附加轴　如果除 X、Y、Z 坐标以外，还有平行于它们的坐标，可分别指定为 P、Q和 R。

二、数控机床坐标系

1. 机床零点 M

机床坐标系的原点也称为机床原点或机床零点，是由厂家确定的，用户一般不可更改，它是固定的点，是确定数控机床坐标系的零点以及其他坐标系和机床参考点（或基准点）的出发点。

2. 机床参考点 R

数控机床坐标系是机床固有的坐标系，它是通过操作刀具或工件返回机床零点 M 的方法建立的。但是，在大多数情况下，当已装好刀具和工件时，机床的零点已不可能返回，因而需设参考点 R。机床参考点 R 也是由机床制造厂家定义的一个点，R 和 M 的坐标位置关系是固定的，其位置参数存放在数控系统中。当数控系统启动时，都要执行返回参考点 R，即回零，由此建立机床坐标系。机床参考点可以与机床零点重合，也可以不重合，通过机床参数指定参考点到机床零点的距离。图 1-1-9 为机床坐标原点与参考点示意图。

参考点的位置通常都设在各轴的正向行程极限附近，也有厂家将个别轴设在负向极限附近。

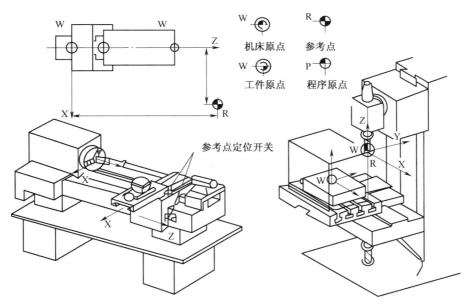

图 1-1-9　机床坐标原点与参考点

参考点 R 的位置是在每个轴上用挡块和限位开关精确地预先确定好，参考点 R 多位于加工区域的边缘。

在绝对行程测量的控制系统中，参考点是没有必要的，因为每一瞬间都可以直接读出运动轴的准确坐标值。而在增量（相对）行程测量的控制系统中，设置参考点是必要的，它可用来确定起始位置。由此看出，参考点是用来对测量系统定标，用以校正、监督床鞍和刀具运动的测量系统。

多数数控机床都可以自动返回参考点 R。如果因断电使控制系统失去现有坐标值，则可返回参考点，并重新获得准确的位置值。

3. 机床坐标系统及联动加工

数控机床加工时的横向、纵向等进给量都是以坐标数据来进行控制的。像数控车床、数控线切割机床等是属于两坐标控制的，数控铣床则是三坐标控制的，还有四坐标轴、五坐标轴甚至更多的坐标轴控制的加工中心机床等，见图 1-1-10。坐标联动加工是指数控机床的几个坐标轴能够同时进行移动，从而获得平面直线、平面圆弧、空间直线、空间螺旋线等复杂加工轨迹的能力。当然也有一些早期的数控机床尽管具有三个坐标轴，但能够同时进行联动控制的可能只是其中两个坐标轴，那就属于两坐标联动的三坐标机床。像这类机床就不能获得空间直线、空间螺旋线等复杂加工轨迹。要想加工复杂的曲面，只能采用在某平面内进行联动控制，第三轴作单独周期性进给的"二维半"加工方式。

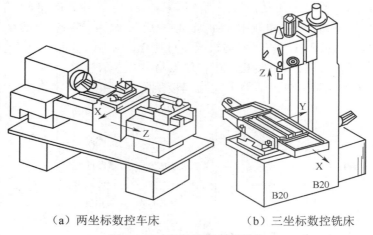

（a）两坐标数控车床   （b）三坐标数控铣床

图 1-1-10   数控机床坐标系统

 任务实施

一、机床的开启

1. 打开压缩空气阀

2. 接通电源

（1）检查。检查机床外表是否正常，电控柜门是否关上。机床内部是否有其他异物。

（2）打开位于加工中心后面电控柜上的主电源开关（图 1-1-11 所示旋钮），应听到电控柜风扇和主轴电机风扇开始工作的声音。

（3）按操作面板上的 ON POWER 按钮，接通数控系统电源（图 1-1-12 所示按键），几秒钟后 CRT 屏幕上出现 ON READY，即机床正在准备开机。

3. 系统准备

（1）顺时针方向松开"急停"按钮（图 1-1-13 所示旋钮）。

（2）按操作面板上的 MACHINE READY 按钮，几秒钟后 ON READY 的信息消失，机床液压泵启动，机床进入准备状态。

图 1-1-11 电源开关　　　　图 1-1-12 系统电源　　　　图 1-1-13 急停开关

二、机床回零

开机床后须对机床进行回零操作，建立机床坐标系。机床只有在回原点之后，自动方式和 MDI 方式才有效，未回原点之前只能手动操作。

1. 自动回零

将模式按钮转到回零模式（REF），然后按动循环启动按钮，机床自动进行回零动作，动作结束后，在操作面板上的三个坐标回零指示灯亮起，表示回零操作结束。

2. 手动回零

将模式按钮转到回零模式（REF），按动回零指示灯所对应的三个坐标按钮人工回零。

（1）调整进给速度倍率开关至适当位置。

（2）先按下坐标轴的正方向键 +Z，坐标轴向原点运动，当到达原点后，运动自然停止，屏幕显示原点符号，此时坐标显示中 Z 机械坐标为零。

（3）依次完成 X 和 Y 轴回原点。

（4）若是四轴的数控铣床，最后是回转坐标回原点，即按 +Z、+X、+Y、+A 的顺序操作。

说明：

（1）先按动 Z 坐标回零按钮　让 Z 方向先回零，避免主轴和工作台及工件发生干涉，然后再回 X，Y 轴。从而完成回零操作，此时操作面板上的三个坐标回零指示灯亮起，表示回零操作结束。

（2）除开机需回零外，一般在以下情况也需要进行回原点操作，建立正确的机床坐标系：

1）机床断电后再次接通数控系统电源；

2）超过行程报警解除以后；

3）按下紧急停止按钮后。

三、机床预热

为了保持设备处于最佳状态，并使加工零件的精度稳定，每天开始操作前，一定要按步骤预热温机。

（1）温机时间：30 分钟。

（2）主轴转速：最高转速的一半。

（3）移动行程：一周行程。

四、机床关机

（1）机床原点回归；

（2）主轴停止转动；

（3）按下急停按钮，停止油压系统及所有驱动元件；

（4）关闭数控系统电源；

（5）关闭机床电源；

（6）关闭压缩空气阀。

五、紧急停止

按下"急停"按钮（见图 1-1-13 急停开关），使机床紧急停止，断开机床主电源。主要应对突发事件，防止撞车事故发生。解除需要旋转此按钮，系统需要重新复位，对于低档机床需要重新对刀。

 操作提示

（1）操作机床时，应注意清洁工作环境，包括手上、手轮上的油渍和与操作机床无关的杂物等。

（2）不要频繁地开关机，开机后先低速运转 2min，使各部件润滑正常后，再开始工作。主轴停转 3min 后，方可关机。强调关机顺序：工作台移到中间→按下"急停"按钮→关闭系统电源→关闭总电源→关闭机床的气阀，不要直接断电。

（3）在遇到紧急状况按下"急停"按钮后，当机床重新开启时，首先机床要回零点，先回 Z 轴再依次回 X 和 Y 轴。

（4）时常关注机床润滑油的油量，避免油量过低报警，导致机床停机。

课题二　数控铣床操作面板的使用

任务 1　数控铣床的面板操作

学习目标

1. 能正确选择并进入相应工作模式；
2. 能够进行程序的输入、修改、删除等操作；
3. 能够在 MDI 方式下进行主轴启动、停止等操作；
4. 能够在手轮或手动方式下选择合理倍率进行工作台的移动。

 任务引入

如何控制数控铣床，让数控铣床每一个动作都按照操作者的意愿进行？数控机床都是通过操作面板实现人机交互的，也就是说，需要通过操作者对操作面板上的各种按键进行操作，将操作指令变成数字信号传输给数控系统。

请在面板上输入程序：

O1;

N1 M03S500;

N2 G90G54G00X0Y0;

N3 G00Z50;

N4 Z1;
N5 G01Z-1F50;
N6 G01X10;
N7 G01Y10,R5;
N8 G01X-10,R5;
N9 G01Y-10,R5;
N10 G01X10,R5;
N11 G01Y0;
N12 G01X0;
N13 G00Z50;
N14 M30;

 任务分析

面板操作包括：程序的输入、编辑、存储、删除；机床参数的设置、修改；数控加工程序自动运行加工；手动操作与调整；机床回零建立机床坐标系等。

机床工作状态分为：编辑模式、自动模式、手动数据输入模式、手动进给模式等。换言之，数控铣床操作必须在某一种工作模式下进行。数控铣床的操作面板由机床控制面板和数控系统操作面板两部分组成，如图1-2-1（a）部分为数控系统操作面板，其由显示屏和MDI键盘两部分组成。显示屏主要用来显示相关坐标位置、程序、图形、参数、诊断、报警等信息；而MDI键盘包括字母键、数值键以及功能按键等，可以进行程序、参数、机床指令的输入及系统功能的选择。图1-2-1（b）部分为机床控制面板。机床控制面板上的各种功能键可执行简单的操作，直接控制机床的动作及加工过程，一般有急停、模式选择、轴向选择、切削进给速度调整、主轴转速调整、主轴的起停、程序调试功能及其他M、S、T功能等。

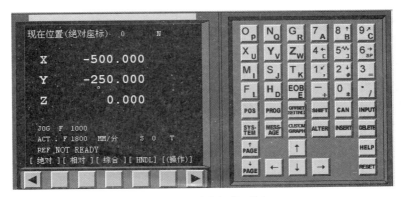

（a）数控系统操作面板

（b）机床控制面板

图1-2-1　数控铣床控制面板

 **相关知识**

一、数控铣床的工作模式

【EDIT】编辑模式：在此模式下可进行程序输入、编辑修改、插入或删除等操作。

【AUTO】自动运行模式：此时可以调出存储器中的加工程序，进行自动循环加工，或对存储器中存储的程序进行检索。

【DNC】：按下此键，远程控制。

【MDI】：手动数据输入模式：按下此键，用键盘直接敲入程序段并立即执行。

【JOG】：手动进给模式：按下此键，可以进行手动连续进给或步进进给。

【HANDLEL】：手轮进给模式：可手摇连续进给。按下此键，可以通过操作手轮，在 X、Y、Z 三个方向进行精确的移动。对刀时常用。

【RAPID】：快速位移。按下此键，可以在 X、Y、Z 三个方向进行快速的移动。

【ZRM】：回零模式：可进行回零操作，建立工件坐标系。

二、键盘说明

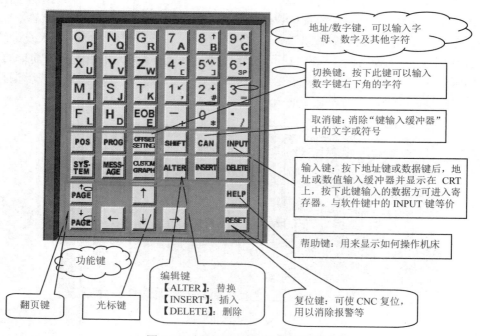

图 1-2-2　数控铣床 CNC 面板各键功能

1. 功能键

【POS】：位置键。在 CRT 上显示机床现在的位置。

【PRGRM】：程序。在编辑方式下，编辑和显示内存中的程序；在 MDI 方式下，输入和显示 MDI 数据。

【OFFSET SETTING】：偏置量设定与显示。刀具偏置量数值和宏程序变量的设置与显示。

【SYSTEM】：系统画面。运用参数的设置，显示及诊断数据的显示。

【MESSAGE】：信息画面。报警号显示，按此键显示报警。

【CUSTOM GRAPH】：图形显示。图形轨迹的显示。

2. 软键

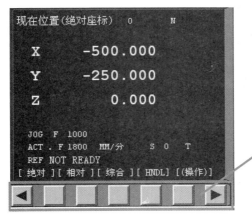

图 1-2-3 数控铣床操作面板 CRT 软键功用

三、数控铣床控制面板说明

数控铣床控制面板见图 1-2-1（b）。

1. CNC 电源开关

按下 ▉ 键，接通 CNC 的电源。按下 ▉ 键，断开 CNC 的电源。

2. 工作模式选择键

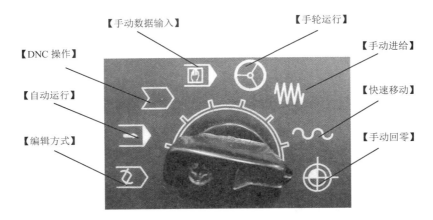

图 1-2-4 数控铣床控制面板工作方式选择旋钮

3. 操作功能键

▣▶单段运行：按下此键，键上灯亮。此时，程序执行一句即停，按启动键再执行一句。常以此方法仔细检查程序。

▧▶空运行：该功能用于在自动运行方式下检查刀具轨迹。按下此键，键上灯亮，刀具移动速度由进给率控制旋钮控制。

☑ **跳转键**：按下此键，指示灯亮，程序运行中跳过开头标有"/"的程序段。

◻ **选择停止**：按下此键，指示灯亮，程序中的 M01 指令有效，程序暂停；否则，程序中的 M01 指令不执行。

→ **机床锁定**：在自动运行方式下按下此键，机械锁住系统运行。CRT 显示屏可以显示刀具运动位置。

辅助功能锁定：此键功用锁住辅助功能，M、S、T 指令不执行。

F₁ **F1 功能键**。

超程释放键：坐标轴运动在行程范围内，该键灯亮，表示正常。坐标轴超行程时，机床停止，指示灯灭。

NC 准备完成键：紧急停止释放或过行程释放后，按下 NC 准备完成键启动机床。

循环开始：工作模式选择为"AUTO"和"MDI"或"DNC"时按下有效，程序运行开始；其余时间按下无效。

进给停止：工作模式选择开关在"AUTO"、"MDI"或"DNC"位置时，按下进给停止键，暂时中止命令或程序。再按"循环开始"键继续执行。

4. 主轴控制单元

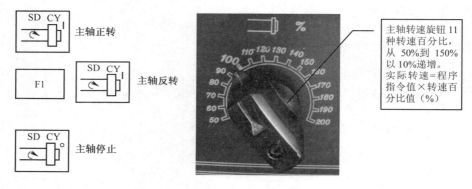

图 1-2-5　数控铣床主轴转速旋钮

5. 进给轴控制单元

（1）手动慢速移动。

1）进给速度倍率在 MDI、AUTO 或 DNC 工作模式下有效。

2）有 20 种进给倍率可选：从 0%到 200%以 10%递增，实际进给速度=指令值×进给率百分比。

图 1-2-6　进给速度倍率调整旋钮

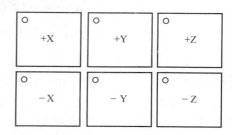

图 1-2-7　移动轴方向

3）当执行 M22 时，进给率百分比限定为 100%，旋钮无效，直到执行 M23 或按复位键。

（2）快速移动。

1）快速进给速度倍率在 MDI、AUTO 或 DNC 工作模式下有效。

2）快速移动进给速度倍率有 F0、25%、50%、100%四种，实际进给速度二指令值×进给率百分比。

6. 手轮控制单元

图 1-2-8～图 1-2-11 为手轮控制单元。

图 1-2-8　快速移动倍率调整旋钮

图 1-2-9　进给轴选择旋钮

图 1-2-10　进给倍率选择旋钮

图 1-2-11　手摇脉冲发生器

（1）进给轴选择。

OFF 没有轴被选，选 X 即为 X 轴，选 Y 即为 Y 轴，选 Z 即为 Z 轴。

（2）进给速度倍率选择，选 X1 时手轮每转 1 格移动 0.001mm；选 X10 时手轮每转 1 格移动 0.01mm；选 X100 时手轮每转 1 格移动 0.1mm。

（3）手轮顺时针转，机床往正方向移动；手轮逆时针转，机床往负方向移动。

7. 紧急停止

当有紧急状况时，按下"紧急停止"按钮，可使机械动作停止，确保操作人员及机械的安全。当紧急停止时：

（1）主轴停止；

（2）轴向停止；

（3）油压系统停止；

（4）切削液停止；

（5）排屑器停止；

（6）CRT 显示屏显示"NOT READY"。

任务实施

一、程序的输入

程序的输入有多种形式，可通过手动数据输入方式（MDI）、编辑方式（EDIT）或通信接口将加工程序输入机床。

1. MDI 方式

（1）选择【MDI】模式。

（2）按主功能的【PRGRM】键。

（3）按【PAGE】键，使画面的左上角显示 MDI。

（4）由地址键、数字键输入指令或数据，按【INPUT】键确认。

例如，输入"S500M03;"

（1）按地址键【S】，屏幕左下方出现 S。

（2）按数字键【5】、【0】、【0】，屏幕左下方出现 500。

（3）按地址键【M】、按数字键【0】、【3】，则 M03 也出现在屏幕左下方。

（4）按【EOB】键结束，于是 S500M03 移到屏幕左上方并加上";"，表明系统已储存该程序段。

（5）按【INPUT】键确认。将光标移动到 S500 处，按操作面板上的【循环启动】键执行，此时主轴以 500r/min 转速旋转。

2. 编辑方式

（1）选择【编辑】模式。

（2）在系统操作面板上按【PRGRM】键，CRT 出现编程界面，系统处于程序编辑状态。

（3）程序的输入和修改。

输入名为 O1 的程序：

1）按程序编制格式，由地址键和数字键输入指令或数据，如【O】、【1】、【EOB】等。程序段名 N 系统可自设。每个程序段输完按【EOB】键结束，将程序保存在系统中。

2）修改。

输入指令错误，指令还在屏幕左下方时按【CAN】删除，当输错的指令已在时屏幕左上方时，用【→】、【←】、【↑】【↓】键将光标移动到输错处，输入正确指令按【ALTER】键替换。

忘记输入一指令时，将光标放在要插入指令的前一指令处输入指令，按【INSERT】键插入。

如果输入重复，需要删除，将光标移至要删除的指令上，按【DELETE】键删除。

（4）程序调出、改名与删除。

程序调出：输入要调出的程序名，按【↓】键即可。

程序改名：将光标移动到要修改的内容处，输入新的程序名并按【ALTER】键替换。

程序删除：输入要删除的程序名，按【DELETE】键删除。

二、程序的调试

程序的调试是在数控铣床上运行程序，根据机床的实际运动位置、动作以及机床的报警等来检查程序是否正确。一般可以采用以下方式。

1．机床的程序预演功能

程序输入完以后，将光标调到程序头，然后转入自动循环运行模式，按下【CUSTOM GRAPH】键进入图形显示界面，按软键【自动】，开始图形校验。

图形模拟时要把机械运动、主轴运动以及 M、S、T 等辅助功能锁定（有些机床则需要按下【机床锁住】键和【进给锁住】键实现），在自动循环模式下，让数控铣床静态地执行程序，通过观察机床坐标位置数据和报警显示判断程序是否有语法、格式或数据错误。 确定程序及加工参数正确无误后，才用以加工。

2．抬刀运行程序

向+Z 方向平移工件坐标系，在自动循环模式下运行程序，通过图形显示的刀具运动轨迹和坐标数据等判断程序是否正确。

三、程序运行方式

常见的程序运行方式有全自动循环、单段执行循环、自动循环等。

1．机床空运转循环

按下机床操作面板上的【机床锁定】键，机床停止移动，但位置坐标的显示和机床移动时一样。此外，M、S、T 功能也可以执行。确认程序正确。

2．单段执行循环

程序第一次使用，应采用单段执行循环，以策安全。

（1）选择【单段】模式。

（2）按【自动运行（AUTO）】键，执行一个程序段后，机床停止。

（3）按【循环启动】键，再执行一个程序段，机床停止。

（4）重复步骤（3）直至程序执行完毕。

3．自动循环

按下【AUTO】键进行存储器方式下的自动运转，自动运行前必须正确安装工件及相应刀具，并进行对刀操作。其操作步骤如下：

（1）预先将程序存入存储器中。

（2）选择要运转的程序：按下【PROG】键显示程序屏幕，按下地址键【O】，使用数字键输入程序号，按下【↓】键。

（3）选择【AUTO】模式。

（4）按【循环启动】键，开始自动运转，"循环启动指示灯"点亮。

注意：

（1）程序运行前要做好加工准备，遵守安全操作规程，严格执行工艺规程；

（2）正确调用及执行加工程序；

（3）在程序运行过程中，适当调整主轴转速和进给速度，并注意监控加工状态，随时注意中断加工。

四、手动控制操作

1．主轴控制

（1）点动。在手动模式下，按下【主轴点动】键，则可使主轴正转点动。

（2）连续运转。在手动模式下，按下主轴正、反转键，主轴按设定的速度旋转，按【停止】键，主轴则停止，也可以按复位键停止主轴。

在自动和 MDI 方式下编入 M03、M04 和 M05 可实现如上的连续控制。

2. 坐标轴的运动控制

（1）手动慢速移动。

1）置模式选择旋钮于 **JOG**，手动进给位置。

2）选择适当进给速度倍率。

3）按下且不放轴方向键使相应轴移动。

4）按键放开，轴移动停止。

（2）快速移动。

1）置模式选择旋钮于 **RAPID**，快速移动位置。

2）选择适当进给速度倍率。

3）按下且不放轴方向键使相应轴移动。

4）按键放开，轴移动停止。

说明：快速进给速度倍率在 MDI、AUTO、DNC 工作模式下有效。

（3）手轮微量移动。

1）置模式选择旋钮于 **MPG** 手轮位置。

2）选择适当进给速度倍率。

3）选择进给轴。

4）转动手轮至目标点。

五、过行程故障处理

在手动控制机床移动（或自动加工）时，常会出现机床移动部件超出其运动的极限位置（软件行程限位或机械限位），此时系统出现超程报警，蜂鸣器尖叫或报警灯亮，机床锁住。

处理方法一般为：

（1）按住【超程释放】键在按住此按钮直至系统恢复正常。

（2）按下【NC 准备完成】键，启动机床。

（3）在手动或手轮模式下，将各轴向相反方向移动，直到移入轴的有效行程内，再按下复位键即可。

■ 操作提示

（1）正确理解和运用操作面板上的按钮，在不清楚的时候，一定要及时请教，绝对不能进行尝试性操作。

（2）在输入程序名时，要单独输入一个程序段。在输入程序名时，要单独输入程序名后才可以再输入分号。

（3）图形演示时出现报警，不要急于按复位键解除，应先调出报警信息并查看其详情，再调出程序，记住光标停放位置，然后再复位解除，程序出错的位置就在刚才光标停的位置的前两句或是后两句程序上。图像演示后要检查控制面板上的各个按钮及旋钮，注意重点检查速度及刀补。在自动运行前要按下【单段运行】键，待单段运行几段程序段无异常时，方可取消单段运行。

（4）在建立、调用和删除程序时，要确保程序名的唯一性。

（5）在程序中，要区分字母"O"和数字"0"。

（6）使用手轮时，先确定好哪个轴，再确定方向，开始时慢慢转动手轮，没问题后再匀速转动手轮，不用时要将手轮旋钮放在 OFF 上，以防误操作。

（7）程序模拟是在机床静态下完成的，所以模拟之后，往往工件坐标系与机床坐标系产生偏离，因此加工前必须进行全轴操作，统一坐标系。

全轴的方法：按一下【POS】键，进入 POS 页面→按【操作】软键→按下标识为下一页的软键【→】→按下【→】键→按下【全轴】软键。此时全轴的操作完成。

（8）后台编辑的使用。

数控机床有后台编辑功能。可以在进行程序运行自动加工时，使用后台编辑功能，做新的编程工作。进入方法：按【PROG】键→按【操作】软键→按【BG-EDT】软键进入后台编辑模式，显示屏的左上方显示的为"程式（BG-EDIT）"，见图 1-2-12。此时可以进行编程工作了。

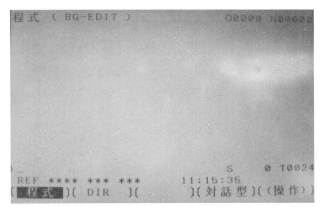

图 1-2-12　后台编辑模式

退出方法：在【PROG】的页面下按【操作】软键，按【BG-END】软键退出后台编辑模式。

注意：

（1）机床正在工作时，在后台编辑的过程中切忌不要按【复位】键（RESET），否则机床的一切工作状态的动作都会停止。

（2）后台编辑时，在【ROG】的页面中，显示屏只显示后台编辑的程序。而前台的一切操作与功能都不影响。

任务 2　数控铣床的日常保养

学习目标

1. 能够合理进行数控铣床的日常保养工作；
2. 能够进行数控铣床的定期检查、保养工作。

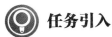 **任务引入**

数控机床是一种自动化程度较高的机床，对这种高精度又昂贵的设备，必须充分发挥机床的高效益。每台机床数控系统在运行一定时间之后，某些元器件或机械部件难免出现一些损

坏或故障现象，做好安全检查和日常保养就可以延长元器件的寿命和零部件的磨损周期，预防各种故障，可将恶性事故消灭在萌芽状态。

　　总之，做好预防性维护保养工作是使用好数控机床的一个重要环节，数控维修人员、操作人　员及管理人员应共同做好这项工作。

 任务分析

　　数控铣床的日常保养可以分为：机械部分的润滑、调整；数控系统及电气控制的维护保养；气、液回路的检查保养；辅助装置的工作状态检查，整机的清洁和环境卫生工作。按照各部分工作的性能和特征，日常保养工作有天天保养内容和周期长短不一的定期保养。

 相关知识

一、对设备维护保养的"四项要求"

1. 整齐：工具、附件放置整齐，安全防护装置齐全，线路管道整齐；

2. 清洁：设备内外清洁，各清洁面、丝杠等处无油污、无泄漏，切削垃圾及时清扫；

3. 润滑：按时加油、换油，油质符合要求，油壶、油枪、油毡、油杯、油线齐全、清洁，油窗较亮。

4. 安全：熟悉设备结构和操作规程，精心保养，不出事故。

二、对操作员"三好、四会"要求

1. 三好

（1）管好：①自己使用的设备未经批准，不许他人操作；
　　　　　　②每次使用机床后做好交接班，填好"设备使用情况记录本"；
　　　　　　③保管好附件和量具，不得丢失。

（2）用好：①遵守操作规程，预防事故；
　　　　　　②不超负荷使用，精加工设备不做粗活；
　　　　　　③坚持每次用过机床之后一小揩，每周一大揩，并清洗油毡、油线。

（3）修好：①理论上懂得设备结构、性能、操作原理；
　　　　　　②能进行精度调整，定期一级保养工作。

2. 四会

（1）会使用：①熟悉数控编程方法、加工工艺制定和机床操作方法，选择合理工艺参数。
　　　　　　　②选好工装，合理装夹。
　　　　　　　③设备运行中，密切注意加工状况。

（2）会保养：①保持外观明亮；
　　　　　　　②保持滑动面、油毡、油线和油池清洁；
　　　　　　　③严格执行定期清洗润滑制度；
　　　　　　　④每天、每周、每月保养。

（3）会检查：①工作前能检查数控机床传动、操纵、润滑等系统是否正常；
　　　　　　　②工作中能及时发现设备的异常状况并能辨别其部位。

（4）会排除故障：①发现异常，应立即停铣；

②查明原因，及时排除；

③不能排除或问题较严重时，应立即报告。

 任务实施

一、日保养

1. 严格遵守操作规程和日常维护保养制度，尽量避免因操作不当引起的故障。

2. 操作者操作机床之前，必须确认主轴润滑油与导轨润滑油是否符合要求，油量不足时应按说明书加入合适的润滑油。

3. 检查数控装置上各冷却风扇是否正常。

4. 检查机床液压系统的油泵有无异常噪音，油面高度、压力表是否正常，管路及各接头有无泄漏等。

5. 检查压缩空气气源压力是否正常。

6. 检查导轨润滑油箱的油量。

7. 检查主轴润滑恒温油箱的油温和油量。

8. 检查工作台面的润滑情况以及清除切屑、脏物，和导轨面有无刮伤损坏。

9. 检查各防护装置是否齐全。

10. 随时注意机器运转状况，遇到任何情况，应随时停机检查。

11. 主轴锥孔必须随时保持清洁，加工完毕后用主轴锥孔清洁器擦拭并适当润滑。

12. 每天操作加工后，对机床及时做好清洁保养工作，保持机台清洁，将露出部分的滑动面涂油防锈。

二、定期保养

1. 周保养

（1）用清洁脱脂棉或软质细纱布擦拭阅读器反光镜，以保持光洁亮丽。

（2）用清洁剂泡水清洗空气过滤网，保持气源清洁顺畅。

（3）确认主轴刀具的放松及锁紧动作滑顺可靠。

（4）检查循环给油和集中给油的油泵工作是否正常。

2. 半年保养

（1）主轴偏摆幅度是否过大，主轴轴承间隙是否不正常，并预于调整。

（2）清扫数控柜空气过滤器和电气柜内电路板和电气元件，避免积累灰尘。

（3）检查电气柜各散热通风装置是否正常工作，有无堵塞。

（4）对数控铣床伺服电动机进行维护保养。

（5）检查各行程开关、电磁阀、接近开关，确保它们能正确工作。

（6）检查液压装置、管路及接头，确保无松动、无磨损。

（7）检查各电缆及接线端是否接触良好。

（8）检查各滑轨斜楔间隙是否过大。

（9）检查螺栓或螺帽有无松动。

3. 年保养

（1）检查操作面板上各控制开关是否灵敏正常。

（2）清除电器箱内所有继电器接点上的积碳并擦拭干净，确保各联锁装置、时间继电器、继电器能正确工作。必要时予以修理或更换。

（3）清洗切削液箱及油滤，并更换同性质的切削液。

（4）清洗集中润滑油箱及油滤，并更换同性质的新油。

（5）清洗强制润滑油箱及油滤，并更换同性质的新油。

（6）校正机器水平，维护机器精度。

4. 保养注意事项

（1）确保各级保养认真执行并记录。

（2）更换或调整零件时，要停止机器运转，避免发生危险。

（3）控制箱内电路板如取下检修时，切勿送电，防止危险。

（4）超过本身的保养或维护时请通知制造厂商，以免损坏机器精度。

（5）所有自主保养，首先确认是否必须断电，以确保安全。

考核评价

1. 数控铣床开关机的规范性。

2. 利用通过键盘进行程序输入、编辑修改的熟练性。

3. 手动操作的正确性和安全性。

4. 牢固的安全文明生产及 6S 管理意识。

思考与练习

1. 坐标轴方向的判定。

2. 为什么每次启动系统后要进行回零？

3. 操作面板上哪些键可以使程序停止？各有什么特点？

4. 练习程序的输入、调出、删除。

5. 练习程序输入时一个字的查找、删除、插入及修改。

6. 练习程序段的查找、删除、插入及修改。

7. 主轴启停的手动操作方法。

8. 坐标轴的手动操作方法。

模块二　刀具中心轨迹加工

课题一　平面铣削

学习目标

1. 掌握平面铣削的加工工艺;
2. 掌握直线插补等基本功能指令;
3. 掌握数控铣床编程的基本方法;
4. 掌握工件的安装、找正方法。

 任务引入

如图 2-1-1 所示为一平面铣削工件，材料为硬铝，铣削面积为 300mm×250mm，上表面加工余量为 2mm，其余面不加工，可直接装夹。

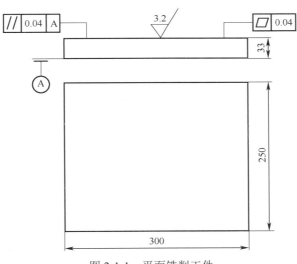

图 2-1-1　平面铣削工件

 任务分析

平面铣削加工是用数控铣床在被加工工件需要加工的表面，铣削出符合工件图纸精度要求和表面质量的平面。平面铣削是数控铣床最基本的加工性能之一，也是数控铣床最常见的加工任务之一。平面铣削加工属于刀具中心轨迹编程，方法比较简单，工艺路线也不复杂，数控程序也容易编制。但随着加工平面的厚度变薄，铣削面积变大，加工难度会大大提高，因为薄板类工件在加工过程中很容易变形。

该工件不是薄板零件，可用液压精密平虎钳装夹，且加工平面既无内凹也无凸起，可选用直径较大的面铣刀进行加工，以提高加工效率。

 相关知识

一、平面铣削分类

在数控铣床平面加工的定义是被加工件的加工表面平行于数控铣床坐标轴，若被加工工件的加工表面与数控坐标轴夹有角度，这样的平面在数控加工中被定义为空间平面，属于三维空间加工，不属于平面加工的范畴，所以数控铣平面铣削是指二维平面加工。

一般平面的类型可分为凸出平面、开放台阶平面和封闭内凹平面，如图 2-1-2 所示，从平面的尺寸上可分为大平面和小平面。

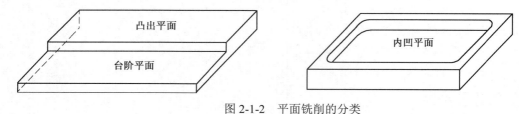

图 2-1-2　平面铣削的分类

二、平面铣削的走刀路线

铣削平面的宽度大于盘铣刀直径时，则一次走刀不能完成平面铣削加工，要进行多次走刀，这就涉及走刀路线。平面铣削走刀路线的安排比较简单，一般有单向走刀和往复走刀这两种方式。

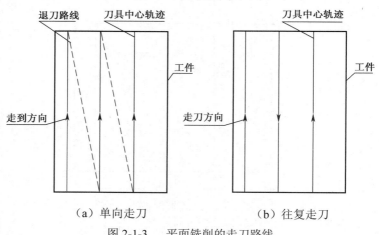

（a）单向走刀　　　　　　（b）往复走刀

图 2-1-3　平面铣削的走刀路线

单向走刀如图 2-1-3（a）所示，走刀方向不变，始终朝着一个方向，这样安排走刀路线的优点是能够保证铣刀刀刃在切削过程中始终是顺铣或逆铣，有利于铣削，但需要增加快速退刀路线，使得走刀路线变得较长。

往复走刀如图 2-1-3（b）所示，无需快速退刀路线，但由于相邻走刀路线的铣削方向是相反的，所以在铣削过程中顺、逆铣交替出现，不利于铣削。

三、工件的定位、找正和装夹

1. 工件的定位

将被加工工件放置在正确的空间位置以保证加工的精确度，称为工件的定位。定位是用定位元件与被加工工件的定位基准面相接触，限制被加工工件的自由度以达到加工的要求。精加工时，工件上需要有精基准定位面；粗加工时，工件上需要有粗基准定位面。选择基准面时，精基准面最好与设计基准和测量基准相重合；选择粗基准面时，应主要考虑保证粗加工余量均匀。

（1）定位原理。

物体在空间有六个自由度：三个直线自由度 X、Y、Z 和三个旋转的自由度 A、B、C。定位原理就是用六个定位点来限制物体在空间的六个自由度，也称为六点定位原则。

被加工工件的定位有完全定位（限制六个自由度）和不完全定位（限制少于六个自由度），具体应用要根据实际加工而定。

工件的定位要避免过定位情况的发生。过定位是定位点数多于被加工工件实际所需要的定位点数，如果被加工工件需要的支撑点数多于定位点数，可以增加浮动支撑。

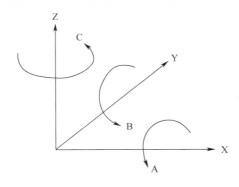

图 2-1-4　物体空间的六个自由度

（2）定位元件。

常用的定位元件有：大平面（如机床工作台）、窄长平面（如垫铁、虎钳钳口）、定位键、长圆柱销、短圆柱销、菱形销、V 形铁等标准定位元件。实际加工中，用户还可以根据工件的特点设计非标定位元件。

表 2-1-1　定位元件名称及限制自由度个数

定位件名称	限制自由度个数	定位件名称	限制自由度个数
大平面（如机床工作台）	3	短圆柱销	2
窄长平面（如垫铁、虎钳钳口）	2	菱形销	1
定位键	1	长 V 形铁	4
长圆柱销	3	短 V 形铁	2

2. 工件的找正

工件找正是指在没有专用夹具定位的情况下，用测量工具将被加工工件的加工表面在机床上找正，被加工工件上的找正部位一般有基准面、基准边和基准孔。

找正的测量工件一般有百分表和杠杆千分表等。

3．工件的装夹

装夹工件的夹具为通用夹具、组合夹具和专用夹具，通用夹具一般有虎钳、压板、卡盘、挤紧楔块、电磁台和气动真空吸台等。

虎钳常用于装夹有一定厚度、长度和宽度的工件，通常与垫铁配合使用。对于体积较大的工件，可用压板直接将工件压紧在机床的工作台上，卡盘适合装夹圆形工件。挤紧楔块用于体积较大又没有压紧位置的工件，但装夹的牢固程度要比虎钳装夹和压板装夹差很多，所以型腔力不能过大。最难加工的平面是薄板的表面，因为薄板难装夹易变形，钢铁薄板件可以考虑用电磁吸盘，非磁性材料可以考虑用气动真空吸台。

四、平面铣削的刀具

1．平面铣削刀具的种类

平面铣削常用的刀具类型有面铣刀和立铣刀。

在铣削大尺寸的凸出平面和台阶平面时通常使用面铣刀。面铣刀的直径较大，特别是机械夹固式可转位不重磨刀片面铣刀的切削性能好，并可以更换各种不同切削性能的刀片，切削效率高，加工表面质量好。封闭的内凹平面又称型腔底面，由于型腔尺寸和型腔内圆角尺寸的限制，而且加工型腔底面与加工型腔侧壁一般都使用同一把刀具，所以内凹平面通常使用立铣刀加工。

面铣刀有两种形式，如图 2-1-5 所示。方肩面铣刀可用于铣削凸出平面，方肩立铣刀用于铣削带有 90°的台阶平面。

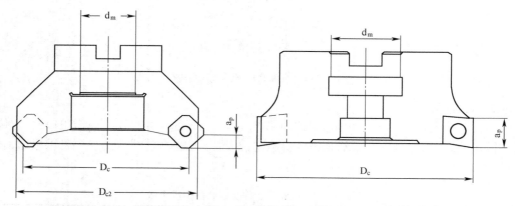

d_m—芯轴直径；D_c—面铣刀刀尖直径；D_{c2}—面铣刀刀体直径；a_p——次最大允许切削深度

图 2-1-5　可转位机械夹固式不重磨刀片面铣刀

可转位机械夹固式不重磨刀片的材质是硬质合金，需要根据不同的加工要求选择不同牌号的刀片。

硬质合金刀片根据加工材质的刀片被分为四组，分别用于加工钢（P 组）、不锈钢（M 组）、铸铁（K 组）、铝及有色金属（N 组）；在同一组中又分为适于轻度铣削、中度铣削和重度铣削等三种。

面铣刀的刀体根据所装刀片数量的不同，分为疏齿刀体、密齿刀体和特密齿刀体。从理论上讲，密齿刀具比疏齿刀具有更高的加工效率和更持久的耐用度。

　　另外，可转位机械夹固式不重磨硬质合金刀片在面铣刀刀体上的安装形式可分为平装和立装；刀片在刀体上的夹紧形式有螺钉夹紧和楔块夹紧等。

　　根据被加工对象选择适合的刀具，对提高加工效率，保证加工质量是至关重要的。

　　2．面铣刀侧吃刀量 a_e 的选择

　　面铣刀的侧吃刀量指面铣刀的铣削宽度，一般来说，面铣刀的直径应比切削宽度 a_e 宽大 20%～50%，换句话说，侧吃刀宽度 a_e 应是面铣刀直径的 50%～80%。侧吃刀宽度过大会引起面铣刀在铣削过程中排屑不畅，如图 2-1-6 所示。另外，面铣刀刀刃在切入工件过程中始终处于逆铣状态，会降低刀具的耐用度。

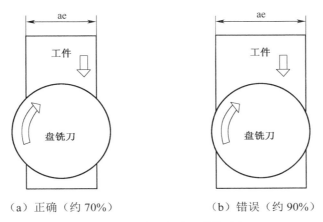

图 2-1-6　面铣刀侧吃刀量的选择

　　3．面铣刀切入位置的选择

　　当铣削平面的宽度小于面铣刀直径时，采使面铣刀侧置，如图 2-1-7 所示。这样能保证面铣刀始终处于顺铣或逆铣，可延长面铣刀刀齿在切削过程中与工件的接触长度，接触长度延长可增加面铣刀同时参与切削的刀齿数，参与切削的刀齿数越多，切削过程越稳定。

　　当面铣刀切入位置中置时，如图 2-1-7（b）所示，形成对称铣削，顺铣、逆铣各占一半，且参与切削的刀齿数相对较少，切削时容易引起震动。但面铣刀的切削位置中置时，切削路线最短；面铣刀切削位置偏置时，其切削路线变长。

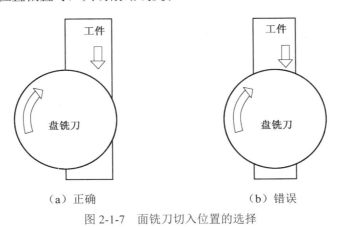

图 2-1-7　面铣刀切入位置的选择

4. 切削参数的计算和选择

切削参数是指切削三要素，它们分别是切削速度 V_c（m/min）、刀具每齿进给量 f_z（mm/rad）、背吃刀量 a_p（mm）。

切削三要素对于数控车床可以直接拿来使用，但对数控铣床的切削参数则要经过换算，换算成数控铣床上可以使用的切削参数。数控铣床的切削参数分别是主轴转速 n（rad/min）、进给速度 V_f（mm/min）、背吃刀量 a_p（mm）、侧吃刀量 a_e（mm）。

（1）切削速度（V_c）与主轴转速（n）的换算。

$$主轴转速\ n = V_c \times 1000/\pi \times D_c\ （rad/min）$$

V_c 为切削速度 m/min；D_c 为面铣刀刀尖直径 mm。

（2）每齿进给量（f_z）与进给速度（V_f）的换算。

$$进给速度\ V_f = f_z \times n \times Z_n\ （mm/min）$$

f_z 为刀具每齿进给量 mm/rad；n 为主轴转速 rad/min；Z_n 为铣刀齿数。

用数控铣床加工大尺寸平面时，应选用尽可能大直径的面铣刀，因为增大切削深度、切削宽度和走刀速度是提高加工效率最直接的途径。但此时要考虑数控铣床的主轴功率是否能满足大功率切削的需求。对数控铣床加工经验不是很丰富的操作者，在用大直径面铣刀进行大余量铣削时，有必要进行切削功率的核算。

（3）切削功率的计算。

$$P_c = a_p \times a_e \times V_f \times K/100\ 000\ （kW）$$

a_p 为面铣刀切削深度 mm（背吃刀量）；a_e 为面铣刀切削宽度 mm（侧吃刀量）；V_f 为走刀速度 mm/min；K 为若有 80%的刀齿参与切削，则 K 值为 5.4。

五、相关编程指令

1. 建立工件坐标系

为了编程方便和装夹工件方便，必须建立工件坐标系。工件坐标系坐标轴的确定与机床坐标系坐标轴方向一致。

工件坐标系的原点是指根据加工零件图样选定的编制零件程序的原点，即编程坐标系的原点。编程原点由编程人员自己确定，应该尽量选择在零件的设计基准或工艺基准上，或者是工件的对称中心上，并考虑到编程的方便性。

2. 程序结构

一个数控加工程序是若干个程序段组成的。每个程序段是由一个或多个指令字组成。指令字表示一个信息单元，具体指明机床要完成的指定动作。

程序号作为程序的标记需要预先设定，一个程序号必须在字母"O"后面紧接最多 8 个阿拉伯数字。

程序段号是每个程序功能段的参考代码，一个程序段号必须在字母"N"后紧接最多 5 个阿拉伯数字。

一个程序段能完成某一个功能，程序段中含有执行一个工序所需的全部数据，程序段由若干个字及段结束符"LF"组成。

3. 编程指令

（1）准备功能——G 指令。

1）G09 和 G91——坐标方式选择指令。

数控编程时可以有两种方法指令刀具的移动，即绝对坐标方式和相对坐标方式（注：不论是刀具移动还是工作台移动的数控机床，编程时都假设刀具相对运动，工件相对静止）。

G90 指定绝对坐标方式编程，G91 指定相对坐标方式编程。G90 为开机默认状态。

2）G00——快速定位指令。

指令格式：G00　X__Y__Z__。X、Y、Z 为目标点坐标，坐标值后是否需要小数点是由系统设定的，请用户仔细阅读说明书，以下类同。

该指令的功能是指定刀具以点位控制方式，从当前位置以数控系统设定的一个最快速度移动到目标点，属于模态指令。

G00 移动速度不能用程序指令设定，由机床制造厂家在数控系统中预先设定，但用户可在参数中修改。若 G00 中指定了移动速度，则无效。

G00 只能用于快速接近或远离工件，特别是在快速接近工件时绝不能触碰工件。

G00 的定位方式是快速点定位，对刀具的运动轨迹没有严格要求，其执行过程可通过数控系统设定为如图 2-1-8 所示的两种方式。

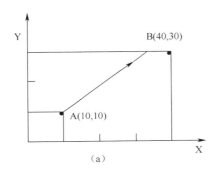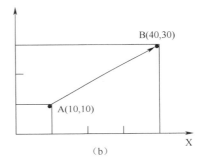

图 2-1-8　G00 移动轨迹

3）G01——直线插补指令。

指令格式：G01　X__Y__Z__F__。X、Y、Z 为目标点坐标（直线插补可以完成三维直线插补）。

该指令的功能是指定刀具以 F 指定的速度沿直线移动到目标点。

F 功能是用于控制刀具相对于工件的进给速度。G94、G95 分别指定 F 的单位是 mm/min 还是 mm/r。在该程序段中必须具有或在该程序段前已经有 F 指令，如无 F 指令，则认为进给速度为零。G01 和 F 均为模态代码。

注意： 实际进给速度还受操作面板上进给速度修调倍率的控制。

4）G54-G59——工件坐标系设定指令。

G54-G59 是通过 MDI 面板设置的六个工件坐标系，是操作者在加工零件前设置的，G54 为开机后默认坐标系。

G54-G59 是通过机床坐标轴的移动测量工件坐标原点相对机床原点的偏移量，并自动记录在系统的工件坐标偏移量存储器中，以确定工件在机床工作台上的确切位置。图 2-1-9 为 G54-G59 与机床坐标系之间的关系。

5）G17、G18 和 G19——平面选择指令。

G17、G18、G19 指令功能为指定坐标平面。G17 为 XY 平面，G18 为 ZX 平面、G19 为 YZ 平面，如图 2-1-10 所示。对使用 G 代码的圆弧插补、刀具半径补偿和钻孔操作都需要指定坐标平面。G17、G18、G19 都是模态指令。G17 为开机后的默认状态。

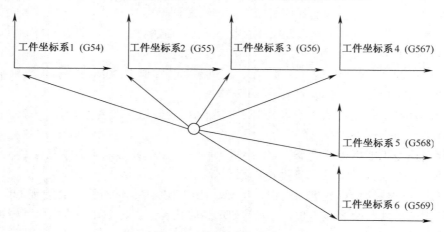

图 2-1-9　机床坐标系原点

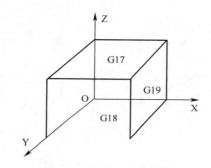

图 2-1-10　坐标平面指定

（2）辅助功能——M 指令。

1）M03、M04、M05——主轴正转、反转、停止指令。

M03 指定主轴正转，即从 Z 轴正向向工作台方向观察，主轴顺时针旋转；

M04 指定主轴反转，即从 Z 轴正向向工作台方向观察，主轴逆时针旋转；

M05 指定主轴停止转动。

2）M07、M08、M09——冷却液开关指令。

M07 指定 2 号冷却开，M08 指定 1 号冷却开，M09 指定冷却装置关闭。

3）M02 和 M30——程序结束指令。

M30 与 M02 的功能基本相同，不同的是，一般将 M30 设定为使环形纸带或光标返回程序头。

（3）主轴速度功能——S 指令。

1）直接指定。

M03S500、M048 00 分别表示主轴以 500rpm 的转速正转和主轴以 800rpm 的转速反转。

2）恒切削速度控制。

G96 S1000 表示不论刀具位置如何，主轴旋转使切削速度保持恒定。S1000 为最高转速。G97 指令为取消 G96 方式。

任务实施

1. 工艺准备

（1）工序安排。先粗加工，留 0.2mm 余量，再精加工。

（2）切削刀具。粗、精加工选用同一把面铣刀进行，例如，可转位机械夹固式不重磨刀片面铣刀，刀片材料为涂层硬质合金，最大外径 D_{c2} 为 112.5mm，密齿，刀片数为 7，最大允许背吃刀量为 6mm。

数控铣床编程时可不考虑刀具号，只要加工者明确刀具与程序的对应关系即可。但实际加工时往往需要多把刀具，而且是在加工前将所有刀对好，为了避免刀具出现混乱，建议标明刀具号。

表 2-1-2 切削刀具参数

加工项目	刀具号	刀具型号	主轴转速（r/min）	进给速度（mm/min）		切削深度（mm）	刀补号
				Z 向	轮廓方向		
平面粗加工	T01	ϕ112.5 面铣刀	500	—	80	1.8	—
平面精加工	T01	ϕ112.5 面铣刀	500	—	120	0.2	—

（3）编程坐标系。因为只加工工件上表面，确定工件右下角为 XY 零点，Z 轴零点位于毛坯上表面。

（4）走刀路线。粗加工为往复走刀，精加工单向走刀。

2. 程序清单

O2100;	
G54 G00 G17 G80 G40 G49 G90;	保险句（G80 取消固定循环，G40 取消刀具半径补偿，G49 取消刀具长度补偿，此三指令此处不再赘述）
Z100.;	快速接近工件上表面
S500 M03;	启动主轴，正转
M08;	开冷却液
X0. Y60.;	靠近下刀区域
Z2.;	接近工件
G01 Z-1.8. F40;	切深 1.8mm 粗加工，留 0.2mm 余量
X-300. F100 ;	往复走刀，粗加工
Y70.;	
X0.;	
Y140.;	
X-300.;	粗加工结束
Y210.;	
X0.;	
G00 Z2.;	抬刀
G00 X60. Y0.;	
Z-2.;	工件外快速下刀
G01 X-360.;	精加工
X-360.;	精加工铣刀位置，单向走刀
G00 Z2.;	
X60. Y70.;	

Z-2.;	工件外快速下刀，切深 0.2mm
G01 X-360.;	
G00 Z2.;	
X60. Y140.;	
Z-2.;	
G01 X-360.;	
G00 Z2.;	
X60. Y210.;	
Z-2.;	
G01 X-360.;	
G00 Z300.;	抬刀，精加工结束
M30;	程序结束

3. 工件加工

（1）开机。各坐标轴手动回机床原点。

（2）工件定位、装夹和找正。定位及装夹方式如图 2-1-11 所示，夹具选用精密液压平口虎钳和垫铁。首先找正精密虎钳的固定钳口，用垫铁定位工件，轻轻夹紧后，用百分表找正工件上表面。

找正虎钳固定钳口　　　　　　　　　　　　　　找正工件上表面

图 2-1-11　工件的定位、装夹和找正

（3）刀具安装。

面铣刀的组成包括刀柄、拉钉、刀体和刀片，如图 2-1-12 所示。

拉钉与刀柄是分体的通过螺纹连接。拉钉分长拉钉和短拉钉，要选择适合所使用机床的拉钉型号。刀柄是盘铣刀刀柄，刀柄的锥度位 7:24，与面铣刀通过键和紧固螺钉相连接。

（4）对刀、确定工件坐标系。通过对刀将编程坐标系"移植"到工件上，即确立工件坐标系。由于该工件只加工上表面，故对工件坐标系的精确度要求不是很高，又因该工件加工只使用一把刀具，也无须考虑刀具长度补偿。对刀时用手慢慢转动主轴（或点动），用手轮慢慢移动工件，当刀尖在工件表面划出很轻的痕迹时，就表明刀刃已和工件表面接触，立即停止进给并记下 Z 坐标值，设定为 Z0；面铣刀加工是 X0、Y0，不需要非常严格，可将刀具靠近工件目测取定，不必与工件接触。

（5）程序输入，并调试。

（6）自动加工。

（7）取下工件，清理并检测。

（8）清理工作现场。

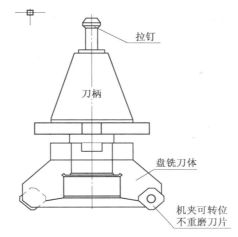

图 2-1-12 面铣刀的结构

操作提示

（1）编程时注意，"M03 M08;"指令尽量写成两行"M03; M08;"。因为不同厂家生产的机床反应不同。将两个指令写成一行，有的机床只执行后者，机床主轴不转。

（2）铣削平面时，多数情况下，以平行铣削为主（平行于 X 轴），但有时因主轴的偏差也可能平行于 Y 轴铣削。要注意，刀具进退行程要超出工件的表面长度，如果没有超出工件表面长度，则可能边缘有余料未除，如图 2-1-13 所示。

图 2-1-13 边缘余料未除净

（3）铣削平面时进给速度不能太快，最好是转速的 1/3。太快容易起毛刺，影响粗糙度，见图 2-1-14。如果进给速度过慢，转速太快，即主运动与进给运动速度不匹配，则造成铣刀内屑没排出而挤到侧面，形成毛刺，造成侧面粗糙。

（4）铣削上步距不宜太大，不超过刀具直径的 75%，一般控制在 50%～60%。太大容易漏铣。图 2-1-1 为直径为 ϕ8mm 的铣刀步距为 7mm 时切削效果。

图 2-1-14　进给速度快造成表面粗糙　　　　　图 2-1-15　步距过大出现漏铣

（5）为保证加工平面质量，铣削时最好沿一个方向进刀，采取单向铣削而不是往复切削，虽然返程为空行程，生产效率低些，但容易保证表面质量。

（6）主轴上无刀具时，不要用气枪向主轴锥孔里吹气，防止主轴内部进屑。

（7）切削工件前主轴一定要转，机床停止加工后，主轴一定要移动到工件上方处，关机前要卸下刀具。

（8）无论是往主轴上装刀还是卸刀，都需按下【F1】键，再按下主轴上方的主轴松开锁紧键。在卸刀时还要注意，按一下主轴松开锁紧键待刀具卸下后，需要再按一次使主轴锁紧，以防止误操作。

 考核评价

序号	评价项目	评价标准	分数
1	面铣刀装配	面铣刀刀体与刀柄组装是否正确	5
2	百分表安装	百分表与磁力表座固定在机床上的位置是否便于测量	5
3	虎钳找正	找正后虎钳钳口平行度误差不大于 0.03mm	10
4	校验虎钳导轨平行度	校验虎钳导轨平行度，长度不小于 100mm，平行度误差不大于 0.03mm	10
5	工件装夹	选择合适的垫铁，工件加工面超出钳口高度适中，工件装夹基准面是否与垫铁和钳口贴实无间隙	5
6	建立工件坐标系	工件坐标系与图纸相对应	5
7	切削参数选择	根据切削速度计算主轴转速，根据铣刀每齿进给量计算走刀速度	10
8	工件测量	测量值与实际值误差：卡尺测量不大于 0.06mm，千分尺不大于 0.02mm	10
9	加工表面粗糙度	加工表面粗糙度不超过 Ra3.6	10
10	平面度误差	平面度误差不超出图纸要求	10
11	平行度误差	平行度误差不超出图纸要求	10
12	安全操作	按实习要求着装，操作符合安全规范	5
13	结束工作	按操作规范清理复位机床，按规定归放刀具及工夹量具	5

思考与练习

1. 方肩铣刀与面铣刀的区别。
2. 面铣刀主偏角对切削力方向的影响。
3. 用面铣刀铣削平面时，不同的主偏角，刀具的每齿进给量 F_z 与切屑厚度 H_m 的关系。
4. 平面加工可能包括的技术要求和测量指标。
5. 面铣刀的切削速度与机床主轴转速的换算。
6. 面铣刀铣削平面时，进给速度 F 与每齿进给量 F_z 的换算关系。
7. 面铣刀铣削平面时，进给速度 F 与加工平面表面粗糙度的关系。
8. 用面铣刀铣削薄板时主偏角的选用。
9. 用面铣刀进行平面铣削时，侧吃刀量（铣削宽度）与面铣刀直径的关系。
10. 编制图 2-1-16 所示工件的数控加工程序。

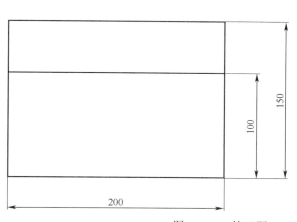

图 2-1-16 练习题

课题二 端面凸轮槽铣削

学习目标

1. 掌握沟槽的加工工艺；
2. 掌握轮廓基点的计算方法和非圆曲线的拟合方法；
3. 掌握圆弧插补及子程序等编程功能；
4. 掌握刀具长度补偿的方法。

 任务引入

加工如图 2-2-1 所示的一端面凸轮的内凹槽。毛坯为 ϕ90mm×20mm 的成型料。ϕ16mm 孔已加工完成，且外围不需要加工，可直接装夹。

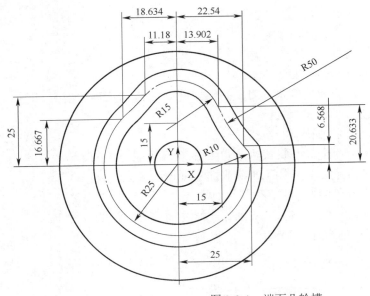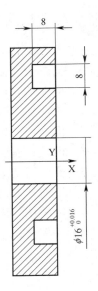

图 2-2-1　端面凸轮槽

 任务分析

内凹槽是铣削加工中常见的几何形状之一。槽加工也是数控铣床加工的一项典型任务，一般是用立铣刀在被加工工件表面铣削出宽度相等的内凹槽。

理论上讲，当槽的宽度等于立铣刀宽度时，可根据槽的中心轨迹编程加工，但通常这种方法加工出的槽宽均大于刀具直径。若槽没有过高的精度要求，通常可使用直径与槽宽相等的立铣刀一次完成，但当槽有较高的精度要求的，必须使用直径小于槽宽的铣刀分粗、精加工两道工序完成。

 相关知识

一、槽的种类

槽可以分为开放型槽和封闭型槽，开放型槽有一端开放的也有两端开放的；封闭型槽只能选择立铣刀在槽内某一点下刀，如图 2-2-2 所示，但槽内下刀会在槽的两侧壁和槽的底面留有下刀痕，使表面质量降低，而且立铣刀底刃的切削能力较差，必要时可用钻头在下刀点预制一个孔。开放型槽最好在槽外下刀，从槽外下刀可有效避免下刀痕迹。两端开放型的直线槽除可用立铣刀加工外，还可根据槽宽尺寸选用错齿三面刃圆盘铣刀，对较窄的直线槽则可以选用锯片铣刀。

槽的断面形状可有多种形式，常见有矩形、梯形、半圆型及 T 型、燕尾型等，如图 2-2-3 所示。槽的截面形状决定铣刀的外型，也就是说，铣刀的刀型决定铣出的槽型。

根据加工平面，槽还可以分为平行于机床数控轴的二维平面槽和二维以上的多维空间槽。目前，数控机床只能在指定的平面内（XY 或 YZ 或 ZX）实现圆弧插补和刀具半径补偿，因此需要借助刀具半径补偿功能加工的直线或圆弧槽只能是二维的。当不需要刀具半径补偿时，可利用直线三维插补功能或螺旋插补功能完成三维直线或螺旋槽加工。此外，可利用宏程序或小线段逼近法加工指定平面内的特定非圆曲线槽，如椭圆、双曲线等，但对于其他类型的槽，尤其是空间多维槽，只能用 CAM 编程软件来编程。

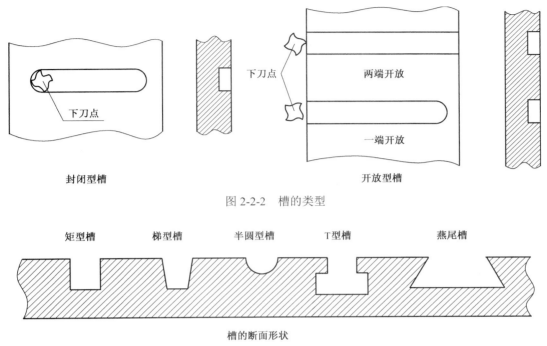

图 2-2-2　槽的类型

图 2-2-3　槽的断面形状

二、端面凸轮槽铣削的刀具

1. 立铣刀的种类

铣槽刀具包括错齿三面刃圆盘铣刀、锯片圆盘铣刀、圆柱立铣刀、T 型槽铣刀和燕尾槽铣刀等多种类型。端面凸轮槽加工最常使用圆柱立铣刀，其中，封闭型槽多使用端刃过中心的圆柱立铣刀，开放型槽可使用普通圆柱立铣刀，如图 2-2-4 所示。

左：端刃过中心铣刀；右：端刃不过中心

图 2-2-4　端刃过中心铣刀和普通立铣刀

圆柱立铣刀是铣床中应用范围最广的刀具，它不仅能够加工开放或封闭的直线槽，还能够加工曲线槽。圆柱立铣刀从刀齿数上分，有两齿、三齿、四齿及多齿；从加工工序上分，有粗铣刀和精铣刀；从形状上分，有圆柱形立铣刀和圆锥形立铣刀；从端刃形式上分，有端刃过中心和端刃不过中心，习惯上我们将端刃不过中心的称为立铣刀，将端刃过中心的称为键槽铣刀或中心切削铣刀。

2. 立铣刀的结构

立铣刀的结构有两种：一种是整体式；另一种是分体式，又称为机械夹固式（图 2-2-5），刀片材料是硬质合金或硬质合金涂层可转位不重磨刀片。与整体式立铣刀相比的优点是：刀杆可重复使用，降低了费用，刀杆刚性好，悬伸长，硬质合金刀片切削速度高，可铣削硬钢。其缺点是由于硬质合金刀片长度的限制，被吃刀量受限制。

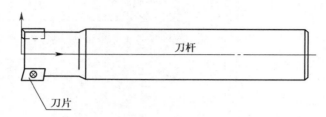

图 2-2-5　机械夹固式立铣刀

3. 立铣刀的接长杆

当铣削需要长悬伸立铣刀时，而被吃刀量又不超过标准立铣刀的刀刃长度，可使用立铣刀加长柄，立铣刀加长柄的长度有一系列规格，夹紧方式有弹性夹头式和侧压固式两种，图 2-2-6 所示为弹簧夹紧方式。

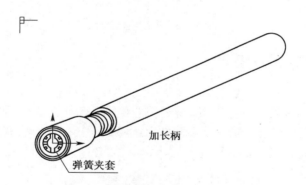

图 2-2-6　立铣刀弹簧夹套式接长杆

4. 槽铣削的切削力

用立铣刀铣槽时，立铣刀的侧吃刀量达到最大值，等于立铣刀的直径，沿立铣刀切削方向的切削正抗力较大，所以背吃刀量不宜过大。另外，由于立铣刀在铣槽时处于全铣削状态，以槽中线为界，一边是逆铣，另一边是顺铣，即沿立铣刀走刀方向，槽的左壁是逆铣，槽的右壁是顺铣。逆铣时，铣刀刀刃切入工件时切屑厚度薄，切出工件时切削厚度厚，所以逆铣的切入抗力小，切出抗力大。顺铣与逆铣正相反，切入工件时切屑厚度厚，切出时切屑厚度薄，切入抗力大，切出抗力小。由于铣槽时顺铣与逆铣同时存在，所以立铣刀除了受沿铣削方向相反的铣削正抗力外，还受顺铣一侧的铣削侧抗力，如图 2-2-7 所示。当侧抗力过大而铣刀直径较小时，会导致立铣刀发生侧弯，从而使铣出的槽的位置发生偏移，产生位置度误差。

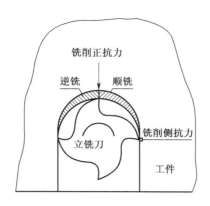

图 2-2-7 铣刀切槽时的切削力

三、槽加工的走刀路线

槽加工时通常利用刀具中心轨迹编程。

（1）当槽宽尺寸与标准立式铣刀直径相同，且槽宽精度要求不高时，可直接根据槽的中心轨迹编程加工，但由于槽的两壁一侧是顺铣，另一侧是逆铣，会使两侧槽壁的加工质量不同。

（2）当槽有一定精度和表面质量要求时，要粗、精分序加工才可达到图纸要求的加工精度。粗、精加工需使用不同直径刀具，粗加工使用直径小于槽宽的铣刀，精加工时使用与槽宽等径的铣刀，精加工余量为粗、精加工所用刀具的半径差，如图 2-2-8 所示。

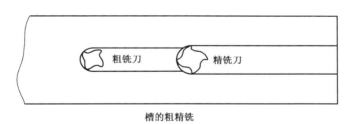

槽的粗精铣

图 2-2-8 槽的粗、精加工

上述方法有利也有弊，其优点是加工时间短效率高，编制加工程序简单方便，但同时也要考虑以下诸多因素：

1）精加工时对刀具的作用尺寸（刀具的作用尺寸是刀具实际切削产生效果的尺寸，综合了刀具装夹、变形、刀柄定心误差、机床主轴回转误差、刀具实际尺寸等多方面因素）要求较高，所以精加工时如何保证槽的精度，需要根据具体情况处理。例如，若槽宽尺寸为负公差，就可能不再使用与槽宽相等的铣刀来加工了。

2）标准系列铣刀的尺寸不都能满足各种尺寸槽的加工，当槽宽不是铣刀标准系列尺寸值时，就得专门配置符合槽宽要求的非标铣刀，这就增加了加工准备时间和加工成本，不过如果是批量生产使用非标刀具、专用刀具还是合适的。

3）铣刀磨损后不能进行补偿修正。利用刀具中心轨迹编程方法加工槽，无法像平面轮廓铣削那样对刀具半径补偿值进行修正，以保证槽宽的尺寸精度，只能更换新铣刀。

4）用立铣刀铣削的槽两侧壁表面质量不同，一侧是顺铣，另一侧是逆铣，顺、逆铣的加工表面质量不同，金属切削理论和实际情况表明，通常条件下，顺铣的表面质量高于逆铣。

要克服上述刀具中心轨迹编程铣槽的诸多问题，只能将槽当作平面轮廓来加工，但这样会延长加工时间，但对单件、高精度槽加工也不失为一种有效的方法。

1）中心轨迹生成的等距线作为两侧槽壁轮廓。

将平面刀具中心轨迹转变为平面轮廓时，先根据刀具中心轨迹做两条距离等于槽宽/2 的等距线（等距线应是中心轨迹上各点法向距离的等距线），这两条等距线就是编程时的轮廓线。但当刀具中心轨迹是复杂曲线时，人工计算等距线很困难，只能借助 CAD/CAM 生成。

用平面轮廓方式铣槽还有一个好处是可对两侧槽壁同时选择顺铣或逆铣，以保证两侧槽壁加工质量一致。

2）以中心轨迹作为轮廓加工槽。

上述以等距线方式铣槽的困难是需生成中心轨迹的等距线，这里介绍一种不用生成等距线、以中心轨迹为轮廓加工槽的简易方法，如图 2-2-9 所示。

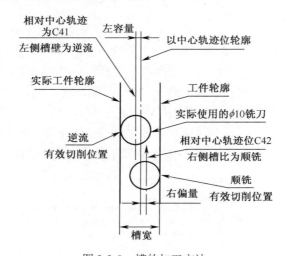

图 2-2-9　槽的加工方法

四、编程预备知识

1. 基点的计算

基点是构成零件轮廓不同几何元素的交点或切点，如直线与直线的交点、直线与圆弧的交点或切点、圆弧与圆弧的交点或切点等。

数控编程有时需要利用三角、几何关系手工计算基点坐标，例如图 2-2-10 所示，D 点坐标的计算方法是：连接 R34.5 圆弧和 R15.75 圆弧的圆心 O_1、O_2，组成直角三角形 $\triangle O_1 O_2 G$，则 $O_1 O_2 = 34.5 + 15.75 = 50.25$，$O_2 G = 15.75 - 11.225 = 4.525$，$O_1 G = 50.046$。

又因 $\triangle O_1 DH \backsim \triangle O_1 O_2 G$，得 D 点坐标 $x = 33.609$，$y = 14.332$。

2. 非圆曲线的拟合

一般数控系统只能完成直线或指定平面内圆弧插

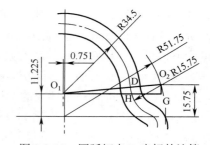

图 2-2-10　圆弧切点 D 坐标的计算

补功能，当加工轨迹为非圆曲线时，只能用直线和圆弧去逼近，这就是所谓的非圆曲线的拟合。

逼近线段与非圆曲线的交点称为节点，非圆曲线的拟合误差主要取决于节点的密度，手工编程时，节点不可能无限制增加，必须按照加工精度要求合理选取。但是，由于手工计算节点非常困难，即便是采用手工编程，也多是利用 CAD 抓点，这样也便于分析拟合误差是否满足精度要求。

常用的拟合方法：

（1）直线拟合——用小直线段逼近非圆曲线，具体逼近方法包括：

1）等间距直线逼近。如图 2-2-11 所示，取等距△X，带入方程 y=f(x)，求得节点(X_i, Y_i)的坐标，然后用 G01 完成节点间的直线插补。

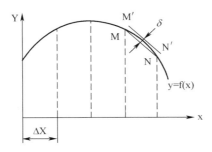

图 2-2-11　等间距直线逼近

这里，由于 y=f(x)各处曲率半径不同，要特别注意控制拟合误差不超过允许值，必要时需要对拟合误差进行校验，具体判断方法如下：

连接两相邻节点得 MN 直线方程，做距 MN 为误差允许值 σ 的直线 M′N′，联立 y=f(x)和M′N′两个方程，求解（求解方法不再赘述）。

若无解，说明该小直线段拟合误差＜允许误差；若有一个解，说明该小直线段拟合误差=允许误差；若有两个解，说明该小直线段拟合误差＞允许误差，此时需要修改小直线段，以保证小直线段拟合误差≤允许误差。

2）等弦长直线逼近。如图 2-2-12 所示，该逼近方法最大拟合误差必定在非圆曲线曲率半径最小处。分析非圆曲线的曲率半径，在最小曲率半径处取拟合误差=允许误差，计算最大允许弦长：

$$L \approx \sqrt{2R \min \delta}$$

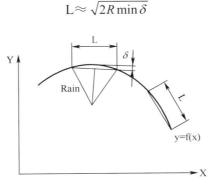

图 2-2-12　等弦长直线逼近

然后，以非圆曲线的起点为圆心，以上述 L 为半径作圆，与非圆曲线的交点即为一个节点，并依次类推。

3）等误差直线逼近。如图 2-2-13 所示，以非圆曲线的起点为圆心，以允许误差为半径作圆，作该圆与非圆曲线的公切线，过起点作公切线的平行线，该平行线与非圆曲线的交点即为一个节点，依次可以得到下一个节点。这种方法拟合误差控制效果最好，各节点在允许误差的控制下疏密有致，不致于节点过密，拟合效率最高。但该方法计算最为困难，此处不赘述。

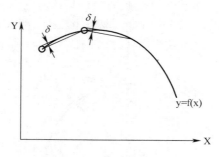

图 2-2-13   等误差直线逼近

（2）圆弧拟合——用小圆弧段逼近非圆曲线。

圆弧拟合也有等间距直线逼近、等弦长直线逼近和等误差直线逼近三种方法。圆弧逼近通常可采用曲率圆法、三点圆法和相切圆法，但这些方法手工计算节点将更加困难，这里不再赘述。

五、相关编程指令

1. G02 和 G03 —— 圆弧插补指令

G02 为顺时针方向圆弧插补，即在圆弧插补中沿垂直于要加工圆弧所在平面的坐标轴，由正方向向负方向看，刀具相对于工件的转动为顺时针；G03 为逆时针方向圆弧插补。G02 和 G03 在各个坐标平面的圆弧插补方向判别如图 2-2-14 所示。在圆弧插补程序段中必须包含圆弧终点坐标值和圆心相对圆弧起点的坐标值或圆弧半径，同时还应指定圆弧插补所在的坐标平面。

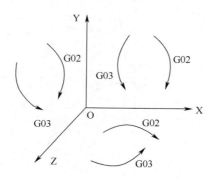

图 2-2-14   圆弧插补方向

指令格式：

G17 G02/ G03   X__Y__I__J__F__；

或 G17 G02/ G03   X__Y__R__F__；

G18 G02/ G03　X__Z__I__K__F__；
或 G18 G02/ G03　X__Z__R__F__；
G19 G02/ G03　Y__Z__J__K__F__；
或 G19 G02/ G03　Y__Z__R__F__；

其中，X、Y、Z 为圆弧终点坐标，若 F 值在此前程序段中已指定，且此处也无须改变，则 F 可省略。在绝对值编程（G90）方式下，圆弧终点坐标是绝对坐标尺寸；在增量值编程（G91）方式下，圆弧终点坐标是相对于圆弧起点的增量值。I、J、k 表示圆弧圆心相对于圆弧起点矢量在 X、Y、Z 轴方向上的增量，当 I、J、K 的方向与 X、Y、Z 轴的正向相一致时，为正相；反之为负，如图 2-2-15 所示。

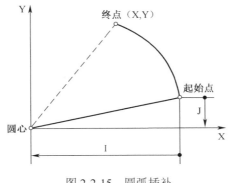

图 2-2-15　圆弧插补

注意：I、J、K 是圆弧圆心相对于圆弧起点矢量在 X、Y、Z 轴方向上的增量，与 G90 和 G91 方式无关。I、J、K 为零时可以省略，但不能同时为零，否则刀具原地不动或系统发出错误信息。

例如图 2-2-16 中，

BC 圆弧：G02　X78．Y30．I20．F80；

EF 圆弧：G03　X15．Y25．J-23．F80；

圆弧插补指令除了可以用 I、J、K 编写程序外，还可以使用半径 R 编程。在使用半径编程时，圆弧的圆心角 α＞180° 时，R 取负值；圆心角 α＜180° 时，R 取正值。编程时规定用 R 表示圆心角小于 180° 的圆弧，用 R- 表示圆心角大于 180° 的圆弧，正好 180° 时，正负均可。

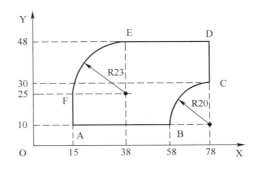

图 2-2-16　G02、G03 编程

例如图 2-2-17 中，

圆弧 1：G90　G17　G02　X50.　Y40.　R-30.　F120;

圆弧 2：G90　G17　G02　X50.　Y40.　R30.　F120;

在实际加工中，往往要求在工件上加工出一个整圆轮廓。整圆不能用 R 编程，只能用 I、J、K 编程，如图 2-2-18 所示，整圆程序段为：

G90　G17　G02　X80.　Y50.　I-35.　J0.　F120;

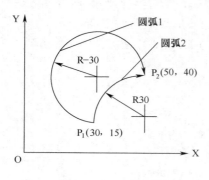
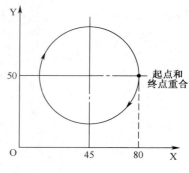

图 2-2-17　R 编程　　　　　　　图 2-2-18　整圆编程

2. G43. G44. G49——刀具长度补偿指令

指令格式：G43/G44 Z__H__;

G43 为刀具长度正补偿，即 H 代码中指定的刀具长度偏置值加到程序中指定终点坐标值上；G44 为刀具长度负补偿，即从指定终点坐标值上减去 H 代码中指定的刀具长度偏置值；G49 为取消刀具长度补偿。

G43 指令和 G44 指令都可以对于刀具长度的差进行补偿，在实际应用中记住其中一种就够用（用偏置值的正负实现正向或负向补偿），一般习惯使用 G43 指令。

注意：

（1）刀具长度补偿一定要在 Z 轴移动时实施。

（2）H 代码与用于刀具半径补偿的 D 代码统一编码，即 H 和 D 后的代码不能相同。

3. 子程序

当某一程序被反复使用时，通常可将其编制成子程序以简化编程。对子程序应了解以下内容：

（1）子程序由主程序调用，被调用的子程序还可调用另一个子程序，子程序调用可以嵌套 4 级。凡是被调用的子程序，不论是第几级，其格式如下：

子程序：

O XXXX;　子程序号

……;　　　子程序内容

……;　　　子程序内容

M99;　　　子程序结束，返回主程序

（2）子程序的调用格式和调用次数。

主程序：

……;主程序内容

……;主程序内容

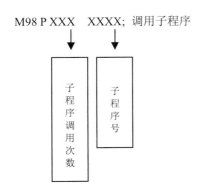

M98 P XXX　　XXXX；调用子程序

子程序调用次数

子程序号

例：

M98 1200：1200 号子程序调用 1 次；子程序调用 1 次时，调用次数可省略；

M98 50200：200 号子程序调用 5 次；子程序号不够 4 位且调用次数超过 1 次时，子程序号需补零到 4 位；

M98 200：200 号子程序调用 1 次；子程序号不够 4 位但调用次数为 1 次时，子程序号不需要补零；

M99：返回上一级程序；

M99 P1010：返回上一级程序的指定地址 N1010。

六、多把刀具的对刀方法

在数控铣实际加工中，大多数加工要使用一把以上的刀具。两把刀具长度相同的可能性几乎为零，为了保证多把刀具的刀尖与被加工表面在加工时的精确位置，使得使用多把刀具加工的程序能够连续运行，数控机床的数控系统设置了 G43/G44/G49 等刀具长度补偿指令。

1. **刀具长度的测量方法**

刀具长度的测量方法有两种：一种是所谓机内测量，另一种是机外测量。测量刀具的位置有两种：一种是测量刀具的刀尖位置，另一种是测量刀具安装的刀具零点位置。这两种方法分别适用于不同的测量方法。机内测量只能对刀具的刀尖进行比较测量，这是一种刀具的相对长度测量方法。机外对刀仪测量则既可以对刀具的刀尖进行相对长度测量，也可以对刀具的安装零点到刀尖的绝对长度测量，后者常用于大型生产中。

（1）机内测量。

机内测量是指用数控铣床来测量刀具的长度，数控机床本身具有测量功能，用机内对刀的测量刀具长度的方法只能测量铣刀的刀尖位置。具体的测量方法有两种：直接测量和间接测量。

直接径测量是使被测量刀具的刀尖直接与被加工工件的工件表面接触，前提是工件的对刀表面是精基准面。对刀时，刀具可以是转动的也可以是静止的，但一定要极其小心，一旦刀尖与工件表面接触就要立刻停止进给，否则当刀具转动时会损坏被加工的工件表面，刀具静止时会损坏刀具和工件表面。较好的办法是用手慢慢转动刀具，当刀尖在工件表面划出很轻的痕迹时就表明刀刃已和工件表面接触，立即停止进给并记下 Z 坐标值。

间接测量是使用对刀器，如图 2-2-19 所示，对刀器的对刀上表面有弹性，这样可以避免划伤被加工工件的表面和损坏刀具，对初学者尤为适宜。使用对刀器时一定要记住将对刀器的高度从 Z 值中减去。

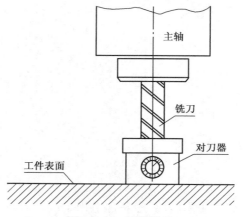

图 2-2-19　间接测量

也可以选择在机床工作台上装备机内铣刀长度自动对刀仪，可实现自动对刀，提高加工效率，但对刀仪的价格昂贵。

（2）机外测量。

机外测量是指用单独的专用对刀仪进行刀具长度测量，如图 2-2-20 所示，其优点是减少占用机床的时间，提高生产率；缺点是要购置对刀仪。机外测量的方法经常被大中型机加工企业所采用。用机外对刀仪测量刀具长度既可以进行相对测量，也可以进行绝对测量。

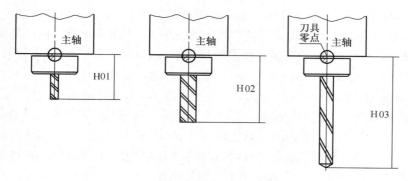

图 2-2-20　机外测量

2. 零刀具和其他刀具

在刀具长度的相对测量方法中会设定一把刀具的长度值为零，零刀具的刀具也称为基准刀具，基准刀具除标定自身的长度外，还是测量其他使用刀具长度的测量基准，其他刀具的长度值是与零刀具长度的差值，如图 2-2-21 所示。

在实际加工中可以使用零刀具，也可以不使用零刀具。当使用零刀具参与加工时，如果零刀具在加工过程中损坏，更换新刀具的长度值不可能与原先零刀具的长度值相等，这样就要将所有使用的其他刀重新再测量标定，加大了对刀工作量。如果在实际加工中不使用零刀具，则所有参与加工的刀具全部是零刀具。如果无论哪一把刀具在加工过程中损坏，更换刀具后只需要单独对该刀具进行测量标定就可以了。或当零刀具在加工过程中损坏，将新更换的刀具也测量标定为其他刀具。

如用机外对刀仪以刀具的安装零点对刀具长度进行测量标定，则所有使用的刀具全部是其他刀具，都需要进行刀具长度补偿。

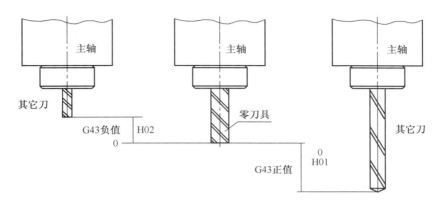

图 2-2-21 刀具长度补偿值的确定

 任务实施

1. 工艺准备

（1）工序安排。先粗加工，预留精加工余量，单边 0.5mm。

（2）切削刀具。

表 2-2-1 切削刀具与参数

加工项目	程序号	刀具型号	主轴转速（r/min）	进给速度（mm/min）		切削深度（mm）	刀补号
				Z 向	轮廓方向		
槽粗加工	O0001	$\phi 7$ 端刃过中心立铣刀	1000	60	100	7.5	H01
槽精加工	O0002	$\phi 8$ 端刃过中心立铣刀	1000	60	100	0.5	H02

（3）编程坐标系。以凸轮圆心作为 XY 零点，Z 轴零点位于毛坯的上表面。

（4）走刀路线。从（25,0）点下刀，逆时针旋转。

2. 程序清单

O0001;	粗加工：
G54 G00 G17 G40 G49 G90;	保险句
S1000 M03;	
M08;	
X25. Y0.;	下刀点
Z2.0;	接近工件
G01 Z-7.5. F60.;	Z 向进刀
M98 P2201;	调用凸轮槽中心轨迹子程序
G00 Z300.;	抬刀，取消刀具长度补偿
M05;M09;M30;	粗加工结束
O0002;	精加工
G54 G00 G17 G40 G49 G90;	保险句
S1000 M03;	
M08;	
G01 Z-8 F60.;	Z 向进刀

M98 P2201;	调用凸轮槽中心轨迹子程序
G00 Z300.;	抬刀，取消刀具长度补偿
M30;	精加工结束
O2201;	凸轮槽中心轨迹子程序
G03 X22.54 Y6.58 R10. F100;	
G02 X13.92 Y20.633 R50.;	
G03 X11.18 Y25. R15.;	
G01 X18.634 Y6.667;	
G03 X25. Y0. R25.;	
M99;	子程序结束，返回主程序

3. 工件加工

（1）开机，各坐标轴手动回机床原点。

（2）工件的定位、装夹和找正。

工件定位。端面凸轮的外形是圆形，有中心预制孔时，要以孔中心为端面凸轮中心的定位基准；没有中心预制孔的情况下，以端面凸轮的外圆面作为端面凸轮中心的定位基准。平面基准可以用端面凸轮的下表面或上表面。

工件找正。首先用百分表或杠杆千分表找正端面凸轮的上表面，使之与机床的 XY 加工平面平行，然后用杠杆千分表找正端面凸轮的外圆面或内孔面（当有预制孔时，应以孔的内表面为找正基准面），以确定端面凸轮的几何中心。

工件夹紧。较小尺寸的端面凸轮可以用三爪自动定心卡盘或四爪卡盘夹紧，如图 2-2-22 所示。

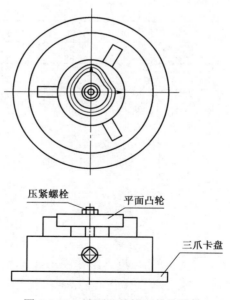

图 2-2-22　端面凸轮槽工件的装夹

（3）刀具安装。

装夹立铣刀的刀柄有两种，一种是侧固式刀柄，另一种是弹簧夹头刀柄。侧固式刀柄只能装夹固定直径立铣刀，立铣刀的刀柄上必须有侧压紧面，结构简单，对立铣刀刀柄的尺寸精度要求较严。弹簧夹头刀柄配有不同直径系列的弹簧套，弹簧套有圆柱套和圆锥套，圆柱弹簧套的夹紧力更大，如图 2-2-23 所示，但对立铣刀刀柄的尺寸要求严，圆锥弹簧套能在直径尺寸上有一定范围的变化，装夹适应性较强，是最常用的装夹立铣刀的刀柄形式，但刀具的径向跳动比上两种刀柄大。

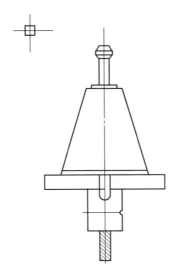

图 2-2-23　弹簧夹头装夹

立铣刀的安装应注意以下事项：

1）立铣刀刀柄名义尺寸必须与弹簧夹套的名义尺寸相同。

2）立铣刀不要悬伸过长，刀柄与弹簧套的接触在长度方向上最好不小于 80%，接触长度过短会损害弹簧夹套，造成弹簧夹套前部形成喇叭口，这就增加了立铣刀的实际悬伸长度，在铣削过程中立铣刀易产生弯曲甚至折断。

3）装夹一定要牢固，特别是背吃刀量较大的时候，因为立铣刀的刀刃是右旋向，在铣削过程中，铣削分力会将立铣刀向下拉，铣削深度越大，下拉力越大。

4）装夹之前要将弹簧夹套与立铣刀刀柄接长面擦拭干净，以保证良好接触。

（4）对刀，确定工件坐标系，并确定各刀具的补偿值。以 T02 作为基准刀，通过准刀对刀确立工件坐标系。在机内或机外对刀仪上测量 T01 与 T02 的长度差，写入 H01 中作为 T1 的刀具长度补偿值。

注意：基准刀通常选用精加工刀具，以保证加工精度；有时也可另增加一把加工中不需要使用的刀具作为基准刀，这样可保证基准不在加工过程中破坏。

（5）程序输入并调试。

（6）自动加工。

（7）取下工件，清理并检测。

（8）清理工作现场。

操作提示

（1）走刀路线有顺铣和逆铣之分。一般铣槽的外面轮廓用逆铣，铣槽的里面轮廓用顺铣。图 2-2-1 中的 8mm 的凸轮槽尺寸若精度要求不高，可以选择直径 8mm 的刀具，一次成型。本例采用粗、精两序加工，先用直径 7mm 的刀具粗加工，再用直径 8mm 的刀具精加工。其加工程序中，T1 和 T2 都是一次成型，没有用刀补 G41 或 G42，铣刀磨损后不能通过补偿来修正，只能更换新刀。

（2）在工件内部加工槽时，下刀的进给速度一定要慢，一般通常是 F30～60，否则容易损坏铣刀。本例加工程序中的 G01 Z-7.5 F60 语句就是下刀的速度为 60mm/min。

 考核评价

序号	评价项目	评价标准	分数
1	铣刀装夹	将弹簧夹套正确地装入刀柄，然后将直柄立铣刀装入，装夹长度要合适	5
2	装夹三爪卡盘	将自动定心三爪卡盘用压板正确地固定在机床工作台上（不少于三个压板）	5
3	换装卡爪	拆下正卡爪，换装反卡爪，注意卡爪装入卡盘的正确顺序	10
4	装夹工件	将工件装夹在三爪自动定心卡盘上并用螺栓压紧，正确的装夹顺序是：先用三爪预紧，然后用螺栓紧固，最后三爪夹紧	5
5	百分表安装	将装有百分表的磁力表座或专用找圆中心百分表正确地固定在机床主轴上	5
6	工件找正	以凸轮毛坯外圆为找圆中心基准，中心与外圆基准不同心，误差不大于 0.03mm	20
7	对刀 建立工件坐标系	使用高度对刀仪标定所使用立铣刀的刀具长度值，正确计算零刀具与其他刀的长度差并输入机床，与实际值误差不超过 0.04mm；工件坐标系应与程序相吻合	10
8	模拟仿真加工	输入程序后，在机床上进行模拟仿真加工，检查 XY 平面、轮廓轨迹 XZ 平面；检查铣削深度	5
9	凸轮加工	在凸轮加工过程中，及时安全清除切屑，冷却液充分冷却，精加工前测量加工余量，根据加工余量修正刀具半径补偿值	10
10	凸轮槽测量	使用圆柱塞规测量凸轮槽宽和深度是否符合图纸精度要求	10
11	粗糙度	深槽侧壁粗糙度不大于 Ra3.6	5
12	安全操作	按实习要求着装，操作符合安全规范	5
13	结束工作	按操作规范清理复位机床，按规定归放刀具及工夹量具	5
合计			100

 思考与练习

1. 立铣刀的底刃分为底刃过中心和底刃不过中心两种，它们之间的区别是什么？
2. 在数控铣床上用杠杆千分表和磁力表座找正孔中心坐标。
3. 如果平面凸轮槽的槽宽与标准立铣刀的直径不符，应当采用何种方法编制加工程序？
4. 将弹簧夹套正确地安装在刀柄上，然后装入立铣刀，注意立铣刀的悬伸长度要合理。
5. 圆锥形弹簧夹套和圆柱形弹簧夹套哪一种夹紧力更大一些。
6. 如何避免造成装夹立铣刀的弹簧夹套的前部出现喇叭口？立铣刀应如何装夹？

7. 立铣刀装夹的悬伸长度与立铣刀的刚性、强度及铣削稳定程度的关系。

8. 右旋立铣刀铣削时，作用在立铣刀上的轴向分力是将立铣刀向 Z 轴正方向弹簧夹套里推还是向 Z 轴负方向弹簧夹套外拉？

9. 编制图 2-2-24 所示工件的数控加工程序。

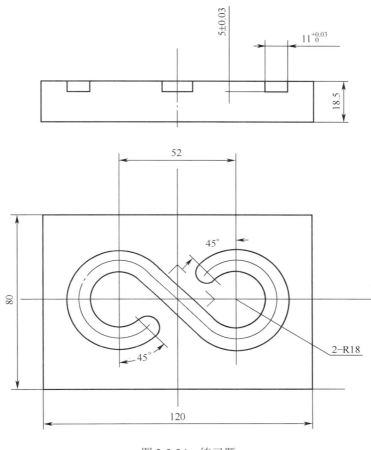

图 2-2-24　练习题

课题三　深槽的铣削

学习目标

掌握深槽铣削的加工工艺。

 任务引入

一般认为深槽是指槽深与槽宽之比大于 1 的槽。

加工如图 2-3-1 所示为工件深槽，槽深 10mm，槽宽 6mm。毛坯为 100mm×100mm×16mm 的成型料，周围不需要加工，可直接装夹。

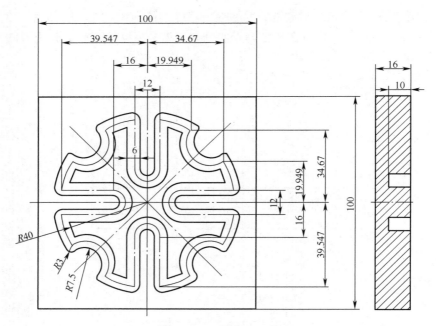

图 2-3-1　深槽加工工件

 任务分析

一般认为深槽是指槽深与槽宽之比大于 1 的槽。

铣削深槽的工艺难点是铣削过程中排屑困难，如果切屑在铣削过程中不能及时排出而发生堵塞，会产生立铣刀折断现象，所以在铣削深槽时要选择容屑槽大、刚性好的立铣刀。当立铣刀直径等于或小于 6mm，最好使用两刃立铣刀。

 相关知识

深槽铣削加工的刀具如下：

（1）用于深槽铣削的刀具一般是各类立式圆柱铣刀，两刃的立铣刀比四刃的立铣刀容屑槽要大，硬质合金立铣刀比高速钢立铣刀刚性高。使用圆柱铣刀铣深槽时，由于铣刀的侧吃刀量等于立铣刀的直径，所以背吃刀量不要过大，铣削钢件的背吃刀量一般不超过立铣刀的直径，随着铣刀深度的增加，背吃刀量要相应减小并应在铣削过程中注意随时清除切屑。

铣削深槽时立铣刀装夹一定要牢靠。立铣刀的刀刃是螺旋状的，常用是右旋刀具，所以立铣刀在铣槽过程中作用在铣刀刃上、沿铣刀轴线方向的铣削分力会将铣刀向下拉，如果铣刀装夹不牢靠，在铣削过程中立铣刀会发生被铣削力拉出的现象。另外，随铣削深度增加，切削力会变大，如果刀具装夹不牢靠，会导致立铣刀折断，使被加工工件报废。

另外立铣刀装夹的悬伸长度要避免过长，立铣刀的悬伸长度增加刀具的刚性下降，装夹刀具时悬伸长度够用即可，最好在铣削不同深度时使用不同悬伸长度的铣刀。

（2）用于开放型深窄槽铣削的刀具还可以是圆片类铣刀，如错齿三面刃圆盘铣刀、锯片圆盘铣刀等，如图 2-3-2 所示。

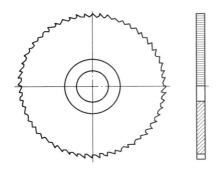
圆盘锯片铣刀

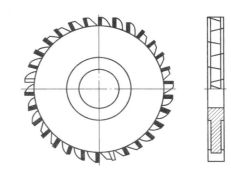
错齿三面刃铣刀

图 2-3-2　圆盘锯片铣刀和错齿三面刃铣刀

错齿三面刃圆盘铣刀。 错齿三面刃铣刀只能加工平行于铣床 X 进给轴的两端开放型或一端开放的有一定宽度的直线槽，机床主轴采用卧式，加工效率较高。适用范围很小。

锯片圆盘铣刀。 锯片圆盘铣刀的加工特点于错齿三面刃铣刀大致相同，其不同之处是适用于加工窄深槽，但所加工槽的位置精度、尺寸精度及表面质量较差。使用片铣刀铣削深槽时可选择大的背吃刀量，这样可以使铣刀与被加工工件接触线变长，铣削过程平稳，切削效率高。

 任务实施

1. 工艺准备

（1）工序安排。槽宽没有特殊精度要求，无需分粗、精加工。

（2）切削刀具。

表 2-3-1　切削刀具与参数

加工项目	程序号	刀具型号	主轴转速（r/min）	进给速度（mm/min）		切削深度（mm）	刀补号
				Z 向	轮廓方向		
槽粗加工	O0003	φ6 端刃过中心立铣刀	1000	40	80	3mm/次	H01

（3）编程坐标系。以工件中心作为 XY 零点，Z 轴零点位于毛坯的上表面。

（4）走刀路线。从（39.547，6）点下刀，逆时针旋转。由于槽的宽度较小、深度较大，分四层铣削。

2. 程序清单

O0003;　　　　　　　　　　　　主程序
G54 G00 G17 G40 G49 G90;
S1000 M03;
　M08;
Z100.;
X39.547 Y6.;
Z2.;
M98 P2301
G00 Z300.;
M30;

```
O2301;                              槽子程序
G91 G01 Z-3. F40;
G90 X34.67 Y34.67 R40. F80;
G02 X19.949 Y34.67 R7.5;
G03 X6. Y39.547 R40.;
G01 Y16.;
G03 X-6. R6.;
G01 Y39.547;
G03 X-19.949 Y34.67 R40;
G02 X-34.67 Y19.949 R7.5;
G03 X-39.547 Y6. 540.;
G01 X-16.;
G02 Y-6. R6.;
G01 X-39.547;
G03 X-34.67 Y-19.949 R40.;
G02 X-19.949 Y-34.67 R6.;
G03 X-6. Y39.547 R40.;
G01 Y-16.;
G02 X6. R6.;
G01 Y-39.547;
G03 X19.949 Y-34.67 R40.;
G02 X34.67 Y-19.949 R7.5;
G03 X39.547 Y-6. R40.;
G01 X16.;
G02 Y6. R6.;
G01 X39.547 Y6.;
M99;
```

3．工件加工

（1）开机，各坐标轴手动回机床原点。

（2）工件的定位、装夹和找正。

（3）刀具安装。

（4）对刀，确定工件坐标系。

（5）程序输入并调试。

（6）自动加工。

（7）取下工件，清理并检测。

（8）清理工作现场。

⬛ 操作提示

（1）在铣削深槽时要选择容屑槽大、刚度好的立铣刀。当立铣刀直径大于或等于 6mm 时，最好使用两刃立铣刀。

（2）铣削深槽时立铣刀装夹一定要牢靠。立铣刀的刀刃是螺旋状的，常用右旋刀具，如果铣刀装夹不牢靠，在铣削过程中，立铣刀会发生被铣削力拉出的现象；也会导致立铣刀折断，致使工件报废。

（3）立铣刀装夹悬伸避免过长，够用即可。最好铣削不同深度用不同悬伸长度的铣刀。例如：图 2-3-1 中的 6mm 的凸轮槽，槽深为 10mm，所以刀具伸出的长度在将刀具韧带全露出的基础上，保证大于 12mm 越短越好。

（4）在铣削深槽时注意对刀时对好 Z0 面，记住测量。在运行子程序时 G91，下刀深度切注意别误写成 G90 命令，否则深度加大导致断刀。如本例中切槽子程序中，前两行语句中的 G91 和 G90 的转换。

（5）铣削深槽时，要找好下刀点弄清楚所加刀补的顺逆铣削，以防止过切或欠切。一般数控加工都选用顺铣来保证尺寸要求。

（6）在深槽切削过程中，要及时安全清除切屑、切削液要充分冷却。

（7）在深槽铣削过程中要保留 0.2mm 的余量，以便后序半精加工和精加工时，保留尺寸精度作准备。

 考核评价

序号	评价项目	评价标准	备注
1	铣刀装夹	将弹簧夹套正确地装入刀柄，然后将直柄立铣刀装入，装夹长度要合适	5
2	虎钳找正	找正后虎钳钳口平行度误差不大于 0.03mm	5
3	工件装夹	选择合适的垫铁，工件加工面超出钳口高度适中，工件装夹基准面是否与垫铁和钳口贴实无间隙	5
4	工件找中	用寻边器以工件四边为基准找正工件中心，对中误差 0.02mm（主轴转速最高不超过 500 转 n/min）	20
5	对刀	使用高度对刀仪标定所使用立铣刀的刀具长度值，正确计算零刀具与其他刀的长度差并输入机床，与实际值误差不超过 0.04mm	15
6	模拟仿真加工	输入程序后，在机床上进行模拟仿真加工，检查 XY 平面：轮廓轨迹 XZ 平面：检查铣削深度	5
7	深槽铣削加工	在深槽加工过程中，及时安全清除切屑，冷却液充分冷却，精加工前测量加工余量，根据加工余量，修正刀具半径补偿值	10
8	深槽测量	用游标卡尺测量槽的宽度尺寸和槽的深度尺寸，测量值与实际尺寸值最大误差不超过 0.06mm	15
9	粗糙度	深槽侧壁粗糙度不大于 Ra3.6	10
10	安全操作	按实习要求着装，操作符合安全规范	5
11	结束工作	按操作规范清理复位机床，按规定归放刀具及工夹量具	5

 思考与练习

1．在铣削深槽时，背吃刀量取多少为宜？

2．当使用底刃不过中心的立铣刀铣削封闭状深槽时，铣削前应在下刀点预先钻孔，孔的直径和深度应是多少？

3．开放槽和封闭槽的区别是什么？可以用何种刀具加工？

4．两刃立铣刀与四刃立铣刀相比，哪一种铣刀容屑能力更强？

5．两刃立铣刀与四刃立铣刀相比，哪一种铣刀刚性更强。

6．练习用寻边器在数控铣床上确定矩形板料的中心（对中找正）。

7．用游标卡尺进行槽深测量练习。

8．在数控铣床上进行立铣刀长度标定练习。

课题四　三维槽铣削

学习目标

掌握三维直线插补功能。

 任务引入

加工如图 2-4-1 所示工件的三维直线槽。毛坯外形已按图样尺寸加工完成，可直接装夹。

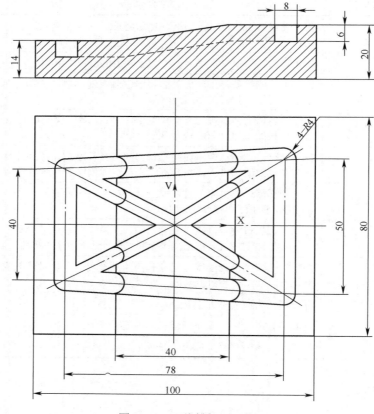

图 2-4-1　三维槽加工工件

 任务分析

三轴联动数控铣床加工三维槽有较大的局限性，只能插补三维直线（不能进行刀半径补偿），不能插补三维圆弧。若要加工三维曲线槽，只能用直线去逼近，但采点和编程的工作量相当大，而且采点通常也无法手工进行，即便是手工编程也必须借助 CAD 软件进行采点。

该工件槽宽无特别精度要求，可直接用 $\phi6$ 端刃过中心立铣刀直接加工，但槽底会有一定误差。

 相关知识

一、三维直线槽底误差的控制

用立铣刀加工三维直线槽时，槽底不是平面，而是内凹圆弧面。槽的上升角度 A 和立铣刀半径越大，槽底内凹圆弧面的高度差 H 就越大，如图 2-4-2 所示。

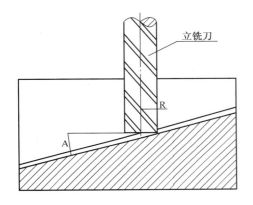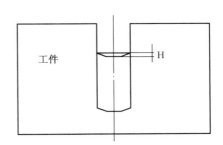

图 2-4-2　三维直线槽的槽底误差

槽底内凹圆弧面的高度，即槽底误差为：$H = R \times \tan A$

若槽底误差大于图纸要求的误差，则寻找其他加工方法，例如使用较小尺寸刀具，增加排刀次数，即可有效减小槽底误差。

二、三维直线槽走刀路线

由于三维直线槽两端在 Z 方向上的高度不相等，加工余量不均匀，去除余量时走刀路线的安排大致有三种，即平行走刀、水平走刀和层降走刀。但不论哪种走刀路线都要注意从槽深一端下刀，因为这样可使铣刀在铣削过程中逐渐向 Z 轴正向运动，从而避免铣刀的底刃参与切削，能使铣削过程更加稳定。

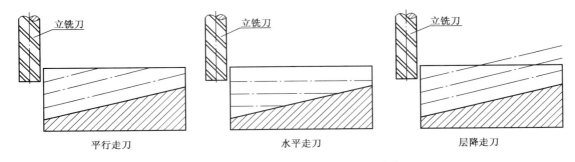

图 2-4-3　三维槽去除多余材料的走刀路线

平行走刀路线的特点是每次铣削深度相同，粗铣后留下的精铣余量均匀，能够完成最后的槽底加工，且避免了空走刀，节省了加工时间，适宜批量加工。

　　水平走刀路线的特点是可以使每次铣削的深度相同，粗加工铣削量均匀，铣削效率高，但精铣余量不均匀，最后的槽底加工需要另外编制程序，适宜批量加工。

　　层降走刀路线的特点是可以使加工程序简化，节省编程时间，但在加工过程中会产生空走刀，使加工效率变低，这种方法在单件加工中经常使用。

 任务实施

　　1. 工艺准备

　　（1）工序安排。①ϕ8 铣刀完成方形槽加工；②ϕ6 铣刀完成交叉槽粗加工。

　　（2）切削刀具。切削刀具与参数见表 2-4-1。

表 2-4-1　切削刀具与参数

加工项目	程序号	刀具型号	主轴转速（r/min）	进给速度（mm/min）		切削深度（mm）	刀补号
				Z 向	轮廓方向		
方形槽加工	O0004	ϕ8 端刃过中心两刃立铣刀	1000	50	100	3 次	D4
方形槽加工	O0005	ϕ6 端刃过中心两刃立铣刀	1200	40	80	2/次	D5

　　（3）编程坐标系。由于该工件的中心为斜面，故选择工件右下方为 XY 的零点，Z 向零点为工件上表面的高面。

　　（4）走刀路线。方形槽为顺时针走刀，分两层铣削；交叉槽左右分别加工，各分三层铣削。

　　2. 程序清单

O0004;	方形槽加工
G54 G00 G17 G40 G49 G90;	保险句
S800 M03;	
M08;	
X-11. Y65.;	方形槽下刀点
Z2.;	接近工件
G01 Z-3. F50;	方形槽 Z 向第一次进刀
M98 P2401;	调用方形槽中心轨迹子程序
G90 G01 Z-6. F50;	方形槽 Z 向第二次进刀
M98 P2401;	调用方形槽中心轨迹子程序
G90 G49 G00 Z300.;	抬刀，取消刀具长度补偿
M05;	
M09;	
M30;	方形槽粗加工结束
O0005;	交叉槽加工
G54 G00 G17 G40 G49 G90;	保险句
S1000 M03;	
M08;	
X-11. Y65.;	方形槽下刀点
Z2.0;	接近工件

G90 G01 Z-2. F40;	交叉槽 Z 向第一次进刀
M98 P2402;	调用方形槽中心轨迹子程序
G90 G01 Z-4. F40;	方形槽 Z 向第二次进刀
M98 P2402;	调用方形槽中心轨迹子程序
G90 G01 Z-6. F40;	方形槽 Z 向第二次进刀
M98 P2402;	调用方形槽中心轨迹子程序
G00 X-89. Y60.;	
G90 G01 Z-2. F40;	
M98 P2403;	
G90 G01 Z-4. F40;	
M98 P2402;	
G90 G01 Z-6. F40;	
M98 P2402;	
G90 G00 Z300.;	抬刀，取消刀具长度补偿
M30;	交叉槽粗加工结束
O2401	方形槽中心轨迹子程序
G91 G01 X-19. Y-1.4 F100;	
X-70. Y-2.2 Z-6.;	
X-19. Y-1.4.;	
Y-40.;	
X19. Y-1.4;	
X40. Y-2.2 Z6.;	
X19. Y-1.4;	
Y50.;	
M99;	子程序结束，返回主程序
O2402;	右交叉槽中心轨迹子程序
G91 G01 X-19. Y-12.3 F80;	
X-20. Y-12.7. Z-3.;	
X20. Y12.7 Z3.;	
X19. Y-12.3;	
G90 G00 Z2.;	
X-11. Y65.;	
M99;	子程序结束，返回主程序
O2403;	左交叉槽中心轨迹子程序
G91 G01 X19. Y-9.6 F80;	
X19. Y-9.6.;	
X20. Y-10.4 Z3.;	
X-20. Y-10.4 Z-3.;	
X-19. Y-9.6;	
G90 G00 Z2.;	
M99;	子程序结束，返回主程序

3．工件加工

（1）开机，各坐标轴手动回机床原点。

（2）工件的定位、装夹和找正。

（3）刀具安装。

（4）对刀，确定工件坐标系，并确定各刀具的补偿值。

（5）程序输入并调试。

（6）自动加工。

（7）取下工件，清理并检测。

（8）清理工作现场。

 操作提示

（1）走刀要注意从槽深一端下刀，因为这样可使铣刀在铣削的过程中逐渐向 Z 轴正向运动，从而避免铣刀的底刃参与切削，能使切削过程更加稳定。例如：图 2-4-1 中的 8mm 的三维槽，铣削时下刀，应从左面深槽处下刀。

（2）用三维直线槽时，槽底不是平面，而是内凹圆弧面。槽的上升角度 A 和立式铣刀半径 R 越大，槽底内凹圆弧面的高度差 H 就越大。所以在册内凹圆弧面高度时槽底误差为：$H=R \times tanA$。

考核评价

序号	评价项目	评价标准	分数
1	刀具装夹	根据三维槽最大深度计算铣刀悬伸长度	10
2	工件装夹	选择合适的垫铁，工件加工面超出钳口高度适中，工件装夹基准面是否与垫铁和钳口贴实无间隙	5
3	对刀	使用高度对刀仪标定所使用立铣刀的刀具长度值，正确计算零刀具与其他刀的长度差并输入机床，与实际值误差不超过 0.04mm	15
4	建立工件坐标系	工件编程原点建立工件坐标系，保证三维槽与矩形板四边对称度不大于 0.05mm	5
5	模拟仿真加工	输入程序后，在机床上进行模拟仿真加工，检查 XY 平面：轮廓轨迹 XZ 平面：检查铣削深度	5
6	三维槽铣削加工	在三维槽加工过程中，及时安全清除切屑，冷却液充分冷却，精加工前测量加工余量，根据加工余量，修正刀具半径补偿值	15
7	三维槽测量	用游标卡尺测量槽的宽度尺寸，测量值与实际尺寸值最大误差不超过 0.06mm，深度尺寸测量值与实际尺寸值最大误差不超过 0.1mm	20
8	粗糙度	深槽侧壁粗糙度不大于 Ra3.6	15
9	安全操作	按实习要求着装，操作符合安全规范	5
10	结束工作	按操作规范清理复位机床，按规定归放刀具及工夹量具	5

 思考与练习

1. 数控铣床在加工平面内能够实现对直线和圆弧的插补，在三维空间内是否也能对直线和圆弧进行插补？

2. 在铣削三维槽时槽的底面是否是平面？

3. 在铣削深度有变化的槽时，铣削方向由深至浅和由浅至深有什么不同？哪一种铣削方向更为有利于铣削？

4．对于三维直线铣削，是否可以应用刀具半径补偿指令？

5．编制图 2-4-4 所示工件的数控加工程序。

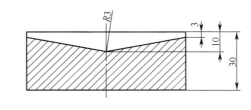

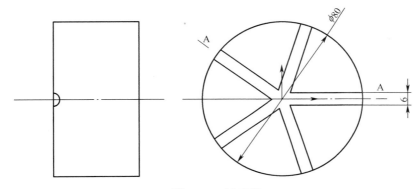

图 2-4-4　练习题

模块三　轮廓铣削

课题一　外轮廓铣削

学习目标

1. 掌握刀具半径补偿方法；
2. 掌握顺铣和逆铣的特性；
3. 掌握轮廓切入、切除的方式。

 任务引入

　　如图 3-1-1 所示为一平面轮廓加工的工件，毛坯为 80mm×80mm×15mm 成型料，周边不加工，可直接装夹。

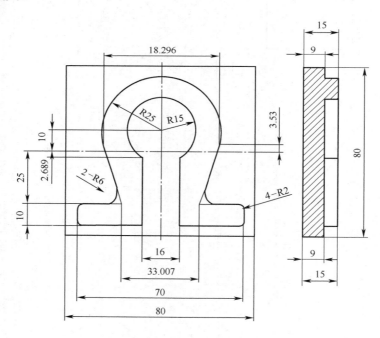

图 3-1-1　轮廓加工工件

 任务分析

　　数控铣削加工中，平面轮廓铣削占有很大的比例，平面轮廓一般可分为平面内轮廓和平面外轮廓，轮廓的形状分为封闭型轮廓和开放型轮廓，但无论是封闭型轮廓还是开放型轮廓，都可能存在外拐角和内拐角。

加工外拐角时，对加工所用铣刀半径没有限制；加工内拐角时，加工所用铣刀最大半径应小于或等于所加工的内拐角半径。该工件的外部轮廓有内拐角，曲率半径为 R6，由此限制该轮廓加工刀具应小于 $\phi12$。

 相关知识

一、顺铣和逆铣

1. 顺铣

顺铣是铣刀的切削力方向与工件的进给方向相同，也就是说，铣刀的刀刃是从工件的未加工表面切入，从已加工表面切出，如图 3-1-2 所示。

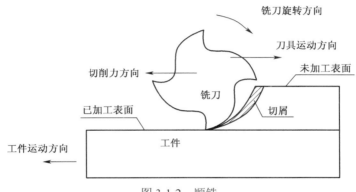

图 3-1-2 顺铣

顺铣的特点：

（1）使用顺铣时，铣刀从未加工表面切入，从已加工表面切出。

（2）无论是机床的工作台做进给运动还是刀具做进给运动，切削力方向都与进给方向相同。所以当机床的进给驱动丝杠和螺母之间存在较大的间隙切削力较大时，就会产生所谓"窜刀"现象，从而导致刀具损坏，这就是普通铣床在铣削量较大时严禁使用顺铣的原因。但数控机床使用滚珠丝杠，有消除间隙机构，所以可以采用顺铣工艺。

（3）顺铣的切屑切入时最厚，然后随着切削的进行切屑逐渐变薄，所以铣刀切出时的切削力小，震动小，切削平稳，切削的表面质量较逆铣好。

（4）顺铣在切入时切削量最大，所以刀刃与被切的工件材料不易产生滑动摩擦，这样就提高了刀具的耐用度。

（5）由于顺铣方式是切入被加工工件材料的，切削力小，且切削力方向与进给方向相同，所需进给驱动力小，切削轻快。

2. 逆铣

逆铣是铣刀的切削力方向与工件的进给方向相反，也就是说，铣刀的刀刃是从工件的已加工表面切入，从未加工表面切出，如图 3-1-3 所示。

逆铣的特点：

（1）使用逆铣时，铣刀从已进给表面切入，从未加工表面切出。

（2）逆铣时切削力的方向与刀具和被加工工件的进给方向相反，不会产生"窜刀"现象。

（3）逆铣时的切屑时由薄渐厚，切削力由小变大，所以切入时平稳，切出时震动大，铣削的表面质量不如顺铣。

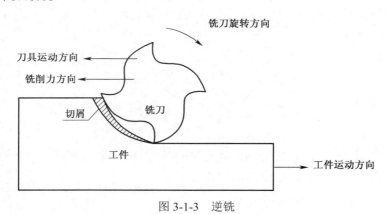

图 3-1-3　逆铣

（4）由于逆铣时逐渐切入工件材料的，所以在切入时铣刀刃在被加工工件的表面摩擦一段距离后挤入被切材料。加剧了铣刀刀刃与被切材料的摩擦，从而降低了刀具的耐用度。

（5）由于逆铣是挤入被加工工件材料的，所以切削力大，且切削力方向与进给方向相反，所以所需进给驱动力大。

3．选用顺、逆铣的参考因素

顺铣和逆铣各有优点和缺点，选用的参考因素如下：

（1）无论何种金属材料，只要被加工工件表面没有硬皮、夹砂，在粗铣时都可以采用顺铣，可提高铣刀刀具的耐用度，同时可降低机床的进给驱动力，减小切削热。

（2）如果被加工工件表面有硬皮、夹砂或气焊切割面，为避免刀具损坏，应考虑采用逆铣。

（3）在加工硬度较高的金属材料时，逆铣方式加工的尺寸精度比顺铣高。

（4）在使用小直径铣刀铣削时宜采用逆铣，因为顺铣切入时的切削力大，铣刀刀具因直径小、刚性差，会产生切削震动，从而使切削过程不稳定，切削的表面质量变差。

（5）在加工非金属纤维塑性材料时（如塑料、胶木、含油尼龙等）应采用逆铣，因为逆铣的方式可以使铣刀的刀刃可在铣削过程中挤断纤维材料，从而使被加工表面光滑。顺铣则不能完全切断塑性或纤维质材料，会导致在已加工表面形成很大的毛刺。

二、相关编程指令

G41．G42．G43——刀具半径补偿的指令格式：

G17 G41（或 G42）G00（或 G01）X Y　D（00-99）

G18 G41（或 G42）G00（或 G01）X Z　D（00-99）

G19 G41（或 G42）G00（或 G01）Y Z　D（00-99）

G40（G00 或 G01）XY（XZ 或 YZ）

其中 G41 是左刀补，即沿刀具前进方向观察，铣刀在被加工工件轮廓的左边。G42 是右刀补，即沿刀具前进方向观察，铣刀在被加工工件轮廓的右边。G40 是刀具半径补偿取消。

在进行平面轮廓铣削时，编制加工程序时是按照工件的轮廓形状尺寸进行编制，而在加工时，机床刀具中心的运动轨迹并不等于被加工工件的轮廓形状尺寸，而是偏离了一个输入的刀具半径。也就是说，在进行平面轮廓铣削时，刀具中心运动的轨迹线是被加工工件轮廓线的等距线，距离是所输入的刀具半径值。

（1）刀具半径补偿的方向。

G41 是刀具半径左补偿，G42 是刀具半径右补偿。选择 G41 或 G42 对编程来说没有什么不同，只不过是编程时走刀路线的方向不同。而对于铣削加工工艺来说，在编程时选择 G41 或 G42 有很大的区别。采用左刀补 G41 即选择了铣削方式中的顺铣，采用右刀补 G42 是铣削方式中的逆铣，在编程中在选择采用 G41 或 G42 要首先了解顺铣和逆铣的铣削特点，然后根据实际加工工艺的需要，选择在铣削平面轮廓时刀具半径补偿的方向。

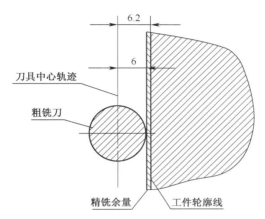

图 3-1-4　刀具半径补偿的应用

（2）刀具半径补偿的作用。

数控机床所具有的刀具半径自动补偿功能，使我们在编程时不用考虑铣刀的中心轨迹线而只对工件轮廓编程，这样极大地方便了对数控加工程序的编制，这是刀具半径自动补偿的主要功能。除此之外，还可在以下方面起到作用：

1）粗铣时给精铣留精加工余量。

一般在加工有精度要求的工件部位时，要安排有粗加工工序和精加工工序，其精加工余量就是机床输入的铣刀半径值与实际使用的铣刀半径值之差。

例如使用 ϕ12 立铣刀加工平面轮廓，预留精加工余量 0.2mm，则输入铣刀半径值 R＝6.2。

2）等距线图形加工

粗铣后的平面轮廓表面线是工件轮廓线的等距线，所以在对加工有等距关系的平面轮廓线时，可以只对其中的一个轮廓线编程，加工另一个等距轮廓线时不用编制新程序，利用输入铣刀的半径值与实际使用的铣刀的半径值之差加工等距线，从而简化编程工作量。

三、轮廓切入与切出方式

（1）加工平面轮廓切入点的选择。

切入点就是工件轮廓线上的起始点。对于开放的平面轮廓，切入点只能是两端点之一。对于封闭的平面轮廓，切入点应尽量避免选择在尖角处，如图 3-1-5 所示。这样可以避免在被加工工件的轮廓上留下切入刀痕。如果被加工的工件表面全部是连续表面，这样就不得不选择工件连续表面上的一点作为切入点，在连续表面切入则必然留有切入痕迹。

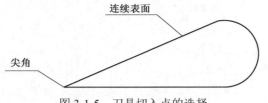

图 3-1-5　刀具切入点的选择

（2）切入方式。

在铣削平面轮廓表面时，为避免在工件表面留下切入刀痕，不能在被加工工件表面下刀，而应在距离工件表面上切入点一段合适的距离下刀，切入的方式是平行切入，即刀具沿切入点的几何线段的切线方向切入，这样才能达到最佳的表面切削效果。切入方式一般有三种，即直线切入（如图 3-1-6 所示）、1/2 圆弧切入和 1/4 圆弧切入（如图 3-1-7 所示）。

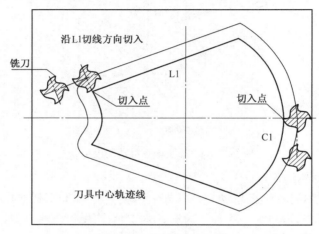

图 3-1-6　直线切入方式

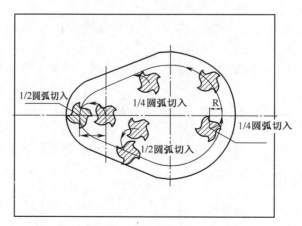

图 3-1-7　圆弧切入方式

1）直线切入。直线切入适用在工件轮廓的尖角处或凸圆弧轮廓线。

2）圆弧切入。如果被加工的工件轮廓表面全部是连续表面，只能在直线段上或凹圆弧表面线上切入，则可以采用 1/2 圆弧切入或 1/4 圆弧切入方式。两种切入方式效果相同，1/4 圆弧切入方式刀具路径更短些。切入圆弧的半径或直径不宜过小。

（3）切出方式。

在加工平面轮廓铣削结束时，与切入工件轮廓表面一样，不要在被进给的轮廓表面上停刀，要将刀具轨迹延伸出去，在离开工件的被切削轮廓表面停刀，刀具的延伸轨迹同刀具切入轨迹的轮廓表面一样，有三种方式，即直线切出、2/1 圆弧切出和 4/1 圆弧切出，如图 3-1-8 所示。

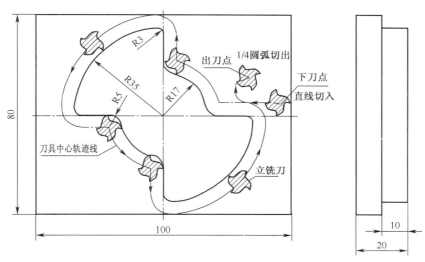

图 3-1-8   直线切出和 1/4 圆弧切出

有的数控系统的编程指令中有切入和切出的刀具轨迹延长指令，采用直线轨迹延长的方式或圆弧轨迹延长的方式可根据加工的具体情况自由选择，刀具切入的轨迹延长方式与切出的轨迹延长方式可以相同，也可以不同。

 任务实施

1. 工艺准备

（1）工序安排。手动去除轮廓周边残余材料后，再进行轮廓精加工。

（2）切削刀具。切削刀具与参数见表 3-1-1。

表 3-1-1   切削刀具与参数

加工项目	程序号	刀具型号	主轴转速（r/min）	进给速度（mm/min）		切削深度（mm）	刀补号	
				Z 向	轮廓方向		长度	半径
外部残余量	O0001	$\phi15$	800	—	—	—	—	—
轮廓加工	O0002	$\phi10$	1000	—	80	6		D12

（3）编程坐标系。选择毛坯的中心作为 XY 面内的零点，Z 轴零点位于毛坯的上表面。

（4）走刀路线。轮廓精加工，顺铣，从轮廓的尖角处切入。

2. 程序清单

O0001;   粗加工
G54 G00 G17 G40 G49 G90;   保险句
S8000 M03;
M08;

```
Z100.;
G41 G00 X8. Y-46. D12;
Z-6.;                              工件往 Z 向快速进刀
G01 Y-2.689 F80;
G03 X-8. R-15.;
G01 Y-35.;
X-35.,R2.;
Y-25.,R2.;
X-16.504, R6.;
X-24.148 Y3.53;
G02 X24.148 R25.;
G01 X16.504 Y-25.;
X35.,R2.;
Y-35.,R2.;
X5.;
G00 Z2.;
G40 X0. Y0.;
G49 G00 Z300.;
M30;
```

3．工件加工

（1）开机，各坐标轴手动回机床原点。

（2）工件的定位、装夹和找正。

（3）刀具安装。

（4）对刀，确定工件坐标系。

（5）程序输入并调试。

（6）自动加工。

（7）取下工件，清理并检测。

（8）清理工作现场。

操作提示

（1）加工内拐角时，所用铣刀最大半径应小于或等于所加工的内拐角半径。

加工时一般采取顺铣，其切削力小，切削力方向与进给方向相同，所需进给驱动力小，切削轻快。

（2）进退刀点和进退刀方向，一般情况下，为保证较好的轮廓表面质量采取拐点进退刀。进退刀点应选在工件毛坯外，尽可能不在工件上直插入工件，若无法避免则应低进给切入。进退刀的方向尽量沿着工件轮廓的切削方向或者在工件轮廓的延长线方向上切入，尽量避免垂直切入工件。对于封闭的轮廓，切入点应尽量选择在外角尖处。

（3）内轮廓铣削

当零件为封闭不规则轮廓时，几何元素有交点。交点处允许外延时，铣刀可沿零件轮廓延长线切入和切出，并将其切入、切出点选为零件轮廓几何元素的交点处。如图 3-1-9 所示，从 A 点（视实际轮廓而定）下刀，A→B 为刀具半径补偿段，B→C 为轮廓延长切入线段，C→D→E→F→C 为刀具中心运动轨迹段，C→H 为轮廓延长切出线段，H→A 为取消刀具半径补偿段，从 A 点抬刀。

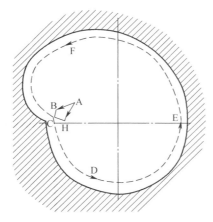

图 3-1-9 封闭不规则轮廓切入、切出点

当零件为封闭内整圆，几何元素无交点且不允许外延时，最好安排铣刀从圆弧过渡到圆弧象限点的加工路线，其切入和切出时，圆弧半径应大于刀具半径值，且切入和切出圆弧至少应有 1/4 圆弧，这样可以提高内孔表面的加工质量。如图 3-1-10 所示，从 A 点（视实际轮廓而定）下刀，A→B 为刀具半径补偿段，B→C 为圆弧过渡切入段，C→D→E→F→C 为刀具中心运动轨迹段，C→G 为圆弧过渡切出段，G→A 为取消刀具半径补偿段，从 A 点抬刀。

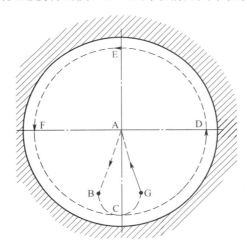

图 3-1-10 从圆弧过渡到圆弧象限点

当零件为封闭的内轮廓，但轮廓几何元素相切且不允许外延时，刀具切入、切出点应远离拐点，避免加入和取消刀具半径时在轮廓拐角处留下凹口，则铣刀的切入、切出点应当选在轮廓线的中段，并采用圆弧进刀、退刀方式，其切入和切出时圆弧半径应大于刀具半径值，且切入和切出圆弧至少应有 1/4 圆弧。如图 3-1-11 所示，从 A 点（视实际轮廓而定）下刀，A→B 为刀具半径补偿段，B→C 为圆弧过渡切入段，C→D→E→F→G→H→C 为刀具中心运动轨迹段，C→I 为圆弧过渡切出段，I→A 为取消刀具半径补偿段，从 A 点抬刀。

当零件为开放的内轮廓时，则内轮廓曲线允许外延，铣刀就可以沿零件轮廓延长线切入和切出。如图 3-1-12 所示，从 A 点下刀，A→B 为刀具半径补偿段，B→C 为延长线切入段，C→D→E 为刀具中心运动轨迹段，E→F 为延长线切出段，F→G 为取消刀具半径补偿段，从 G 点抬刀。

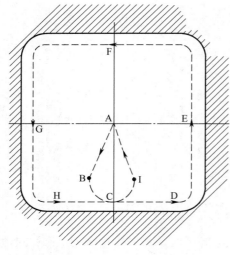

图 3-1-11　封闭的内轮廓下刀点

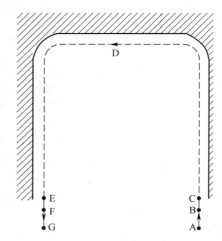

图 3-1-12　开放的内轮廓下刀点

（4）外轮廓铣削

当零件为封闭的外轮廓时，轮廓几何元素相切且不易沿外廓曲线延长。这样铣刀可以安排从圆弧过渡到圆弧切点的加工路线，其切入和切出时圆弧半径应大于刀具半径值，且切入和切出圆弧至少应有 1/4 圆弧，如图 3-1-13 所示。从 A 点下刀，A→B 为刀具半径补偿段，B→C 为相切圆弧切入段，C→D→E→F→C 为刀具中心运动轨迹段，C→G 为相切圆弧切出段，G→H 为取消 刀具半径补偿段，从 H 点抬刀。

当零件为封闭的外轮廓时，轮廓几何元素不相切，但轮廓几何元素允许外延，铣刀就可以沿轮廓延长线切入切出（图 3-1-14）。从 A 点下刀，A→B 为刀具半径补偿段，B→C 为轮廓延长线切入段，C→D→E→F→G→C 为刀具中心运动轨迹段，C→H 为轮廓延长线切出段，H→I 为取消刀具半径补偿段，从 I 点抬刀。

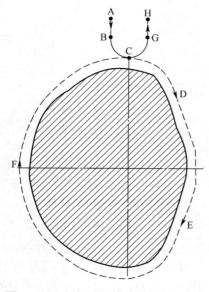

图 3-1-13　封闭的外轮廓的切入切出点

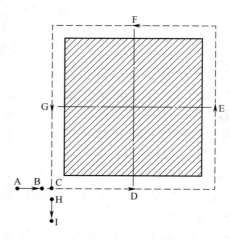

图 3-1-14　轮廓几何元素不相切的切入、切出点

　　铣削开放的外轮廓表面时，外轮廓曲线就可以外延，则铣刀沿轮廓延长线切入切出。如图 3-1-15 所示，从 A 点下刀，A→B 为刀具半径补偿段，B→C 为轮廓延长切入线段，C→D→E 为刀具中心运动轨迹段，E→F 为为轮廓延长线切出段，F→G 为取消刀具半径补偿段，从 G 点抬刀。

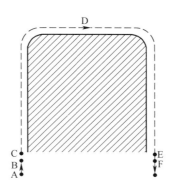

图 3-1-15　开放外轮廓的切入、切出点

 考核评价

序号	评价项目	评价标准	备注
1	虎钳找正	找正后，虎钳钳口平行度误差不大于 0.03mm	5
2	校验虎钳导轨平行度	校验虎钳导轨平行度，长度不小于 100mm，平行度误差不大于 0.03mm	5
3	工件装夹	选择合适的垫铁，工件加工面超出钳口高度适中，查看工件装夹基准面是否与垫铁和钳口贴实无间隙	5
4	找正工件中心	用寻边器以工件四边为基准找正工件中心，对中误差 0.02mm（主轴转速最高不超过 500n/min）	15
5	对刀	使用高度对刀仪标定所使用立铣刀的刀具长度值，正确计算零刀具与其他刀的长度差并输入机床，与实际值误差不超过 0.04mm	15
6	建立工件坐标系	工件坐标系应与程序相吻合	5
7	轮廓加工	在轮廓加工过程中，及时安全清除切屑，冷却液充分冷却，精加工前测量加工余量，根据加工余量，修正刀具半径补偿值以保证轮廓的图纸尺寸精度要求	15
8	粗糙度	深槽侧壁粗糙度不大于 Ra3.2	10
9	尺寸测量	用外径千分尺测量 80mm 长度尺寸，测量误差不大于 0.03mm	15
10	安全操作	按实习要求着装，操作符合安全规范	5
11	结束工作	按操作规范清理复位机床，按规定归放刀具及工夹量具	5

 思考与练习

　　1. 顺铣的铣削特点和应用。

2．逆铣的铣削特点和应用。

3．顺逆铣对铣刀耐用度的影响。

4．在何种情况下不能使用顺铣？

5．在立铣刀悬伸较长的情况下，适用顺铣还是逆铣？

6．铣削平面轮廓时刀具半径补偿的方向。

7．G41 和 G42 除铣削方向不同外，在铣削工艺上还有什么区别？

8．刀具半径补偿的作用。

9．在铣削塑料时，应当选择顺铣还是逆铣？

10．在铣削平面轮廓粗加工时，以何种方式预留精铣余量？

11．编制图 3-1-16 所示工件的数控加工程序。

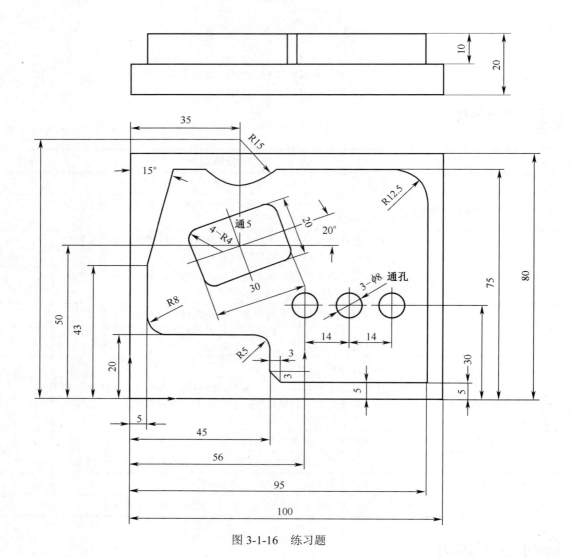

图 3-1-16　练习题

课题二 对称轮廓铣削

学习目标

掌握镜像功能的使用。

 任务引入

加工如图 3-2-1 所示的一对称轮廓铣削工件，材料为硬铝。尺寸为 100mm×80mm×180mm，外形不加工，可直接装夹。

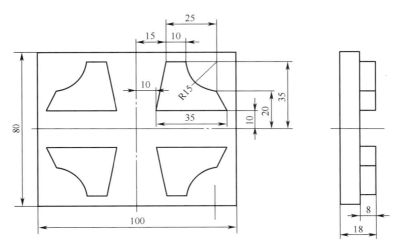

图 3-2-1 对称轮廓工件

 任务分析

平面轮廓铣削经常出现一个工件上有几个形状、尺寸相同的轮廓相对于一点或一轴线（或平行于轴线的直线）对称，这种情况可利用对称轮廓铣削功能完成。

对称轮廓铣削时，可将形状、尺寸完全相同的轮廓编制为子程序，再利用镜像功能或可编程镜像功能完成对称铣削。

 相关知识

镜像功能可实现对称加工，其有以下特点：

（1）镜像功能可由 CNC 系统、M 代码或 G 代码设置。

（2）镜像时，首先根据镜像指令改变编程坐标值的正负。例如对 Y 轴镜像，则 X 坐标取反。

（3）只对 X 轴或 Y 轴镜像时，下列指令将与源程序相反，见表 3-2-1。

镜像功能如图 3-2-2 所示。从图中可以看出，轮廓加工时，镜像将原本顺铣的加工路线（第 I 象限）变为逆铣（第 II 或 IV 象限），两者加工质量有一定差异，且顺铣与逆铣受力情况不同，"让刀"不同，对精加工尺寸影响较大，所以轮廓或区域精加工时很少使用镜像功能。镜像功能较适合对称孔的加工。

表 3-2-1 指令说明

指令	说明
圆弧指令	G02 与 G03 互换（顺时针圆弧与逆时针圆弧互换）
刀具半径补偿指令	G41 与 G42 互换（左刀补与右刀补互换）
坐标旋转	旋转方向互换（顺时针与逆时针互换）

注：同时对 X 轴和 Y 轴镜像时，圆弧指令、刀具半径补偿指令、坐标旋转均不改变。

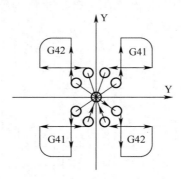

图 3-2-2 镜像功能

（4）使用镜像功能后必须取消镜像。

（5）在 G90 模式下使用镜像功能时，必须从坐标原点或对称点开始，取消镜像时也要回到坐标原点或对称点。

（6）镜像指令。

1）G 指令镜像。

利用 G5.1 和 G50.1 实现可编程镜像。

指令格式：

　　G51.1　X＿Y＿Z＿P＿；

或 G51.1 X＿Y＿Z＿I＿J＿K＿；

其中，X、Y、Z 为比例缩放中心的绝对坐标，镜像功能时即为镜像的对称点；P 为所有轴的缩放比例，镜像功能时取 P-1000（对最小输入增量单位为 0.001 的系统）；I、J、K 分别为 X、Y、Z 轴的缩放比例，镜像功能时取 I-1000、J-1000、K-1000。

G50.1：取消缩放或镜像。

2）M 指令镜像。

M23：对 X 轴镜像。

M24：对 Y 轴镜像。

 任务实施

1. 工艺准备

（1）工序安排。工件无特殊精度要求，可一次成型。

（2）切削刀具。切削刀具与参数见表 3-2-2。

表 3-2-2　切削刀具与参数

加工项目	程序号	刀具型号	主轴转速（r/min）	进给速度（mm/min）		切削深度（mm）	刀补号	
				Z 向	轮廓方向		长度	半径
对称轮廓	O0003	$\phi15$	800	40	80	8	—	D01

（3）编程坐标系。毛坯中心为 XY 零点，Z 轴零点位于工件上表面。

（4）走刀路线。第 I 象限轮廓从（0,0）点开始，顺铣。其他三个象限的轮廓利用镜像功能铣削。残余材料利用手动去除。

2. 程序清单

```
O0003;                         主程序
第 I 象限轮廓
G54 G00 G17 G40 G49 G90;        保险句
S800 M03;
M08;
Z100.;
X0. Y0.;
Z2.;
M98 P3201;
G51.1 X0.Y0. I-1000 J-1000;
M98 P3201;
G51.1 X0.Y0. I-1000 J-1000;
M98 P3201;
G51.1 X0.Y0. I-1000 J-1000;
M98 P3201;
G50.1;
M30;

O3201;                         第 I 象限轮廓子程序
    G41 X10. Y10. D01;
    G01 Z-8. F40;
    X15. Y35. F80;
    X25.;
    G03 X40. Y20. R15.;
    G01 X45. Y10.;
    X10.;
    G00 Z2.;
    M99;
```

3. 工件加工

（1）开机，各坐标轴手动回机床原点。

（2）工件的定位、装夹和找正。

（3）刀具安装。

（4）对刀，确定工件坐标系。

（5）程序输入并调试。

（6）自动加工。

（7）取下工件，清理并检测。

（8）清理工作现场。

 操作提示

（1）镜像时，首先根据镜像指令改变编程坐标值的正负，例如：对 Y 轴镜像，则 X 轴坐标取反。

（2）只对 X 或 Y 轴镜像时，圆弧指令、刀具半径补偿指令、坐标旋转指令将与源程序相反；同时对 X 和 Y 轴镜像时均不变。

（3）使用镜像功能后必须取消镜像。

（4）在 G90 的模式下，使用镜像功能时必须从坐标原点或对称点开始，取消镜像时也要回到坐标原点或对称点。

 考核评价

序号	评价项目	评价标准	备注
1	铣刀装夹	将弹簧夹套正确地装入刀柄，然后将直柄立铣刀装入，装夹长度要合适	20
2	工件装夹	选择合适的垫铁，工件加工面超出钳口高度适中，查看工件装夹基准面是否与垫铁和钳口贴实无间隙	10
3	找正工件中心	用寻边器以工件四边为基准找正工件中心，对中误差 0.02mm（主轴转速最高不超过 500n/min）	10
4	对刀建立工件坐标系	工件坐标系应与程序相吻合	10
5	模拟仿真加工	输入程序后，在机床上进行模拟仿真加工，检查 XY 平面：轮廓轨迹 XZ 平面：检查铣削深度	10
6	镜像轮廓加工	在镜像轮廓加工过程中，及时安全清除切屑，冷却液充分冷却，精加工前测量加工余量，根据加工余量，修正刀具半径补偿值	10
7	粗糙度	深槽侧壁粗糙度不大于 Ra3.2	10
8	安全操作	按实习要求着装，操作符合安全规范	10
9	结束工作	按操作规范清理复位机床，按规定归放刀具及工夹量具	10

思考与练习

1. 在何种情况下使用镜像指令？

2. 在使用镜像指令时，工件坐标系原点应设在何处？

3. 是否能够以任意直线作为镜像轴镜像？

4. 对平面轮廓镜像后，铣削路线（顺逆铣方式）是否保持不变？

5. 第一象限对第三象限的镜像是否用旋转指令通用能够完成？镜像后铣削路线（顺逆铣方式）是否保持不变？

6. 对于难加工材料（例如不锈钢和耐热钢）是否也适宜使用镜像指令？

7. 编制图 3-2-3 所示工件的数控加工程序。

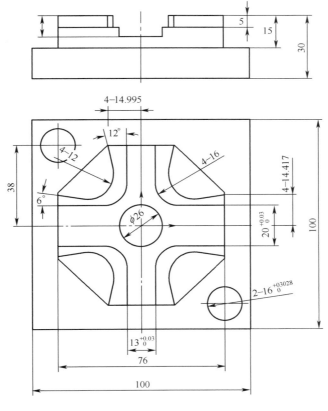

图 3-2-3 练习题

课题三 旋转轮廓铣削

学习目标

掌握旋转功能的使用。

 任务引入

如图 3-1-1 所示为轮毂模型，材料为硬铝，外圆及两端面已加工完成，试加工其中间槽。

 任务分析

在实际生产加工中，平面轮廓铣削经常会出现在一个工件上有几个形状尺寸相同的外轮廓，只不过是围绕着一个中心点旋转了一定的角度。这种情况我们称之为点对称轮廓铣削。

为简化编程的工作量，数控铣床的编程指令中提供了旋转功能。可以将工件上的其中一个轮廓编制为子程序形式，再在主程序中旋转复制。Fanuc 数控编程系统也具备旋转功能，但只能将编程原点作为旋转中心点。有的数控系统可以将工件坐标系中的任意一点作为旋转中心点。

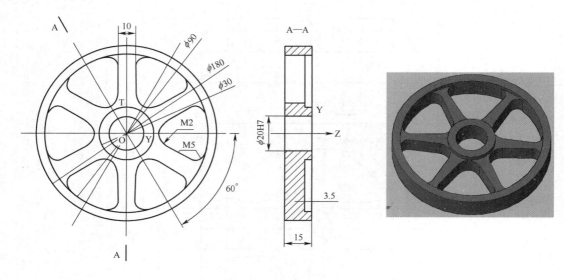

图 3-3-1　轮毂模型

 相关知识

　　旋转功能可将工件旋转某一指定的角度。另外，当工件的形状由许多相同图形组成时，可对图形单元编程子程序，然后用主程序的旋转指令调用，这样可以简化编程。

指令格式：

G17/18/19G68α__β__R__;坐标系开始旋转

……;

……;

G69;坐标系旋转指令

　　其中，α、β 为绝对坐标的旋转中心；R 为旋转角度，逆时针旋转为正，反之为负。

 任务实施

　　1. 工艺准备

　　（1）工序安排。①钻、扩孔加工；②铣 φ30 与 φ90 间的环形槽，Z 向需切削进给，选择端刃过中心立铣刀；③铣六个三角形通孔，刀具选择端刃过中心立铣刀，若使用普通立铣刀，需提前钻一个能使铣刀通过的通孔；④铰孔。

　　（2）切削刀具。切削工具与参数见表 3-3-1。

表 3-3-1　切削刀具与参数

加工项目	程序号	刀具型号	主轴转速（r/min）	进给速度（mm/min）		切削深度（mm）	刀补号	
				Z 向	轮廓		长度	半径
中心孔	O0001	φ10 NC 90° 中心钻	1000	100	—	—	H01	—
φ20 底孔	O0002	φ12 钻头	1000	100	—	—	H02	—

续表

加工项目	刀具号	刀具型号	主轴转速（r/min）	进给速度（mm/min）		切削深度（mm）	刀补号	
				Z 向	轮廓		长度	半径
扩孔	O0003	ϕ19.8 钻头	600	80	—	—	H03	—
环形槽	O0004	ϕ18 端刃过中心立铣刀	600	30	100	3.5	H04	D41=9
三角形通孔	O0005	ϕ8 端刃过中心立铣刀	1000	40	100	6.5/次	H05	D51=4
ϕ20 铰孔	O0006	ϕ20 铰刀	300	120	—	—	H06	—

（3）编程坐标系。工件中心为 XY 零点，Z 轴零点位于毛坯的上表面。

（4）走刀路线。加工路线如图 3-3-2 所示。

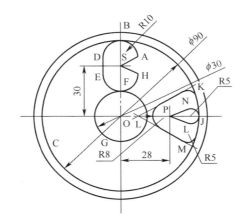

图 3-3-2 车轮模型的加工路线

环形槽加工路线：S 点起刀，A 点下刀，1/4R10 圆弧切入/切出，逆时针铣削ϕ90 内轮廓，顺时针铣削ϕ30 外轮廓，S→A→B→C→B→D→E→F→G→F→H→S。使用ϕ18 立铣刀加工ϕ90 与ϕ30 之间的环形槽可一次去除槽内的全部材料，不必再进行区域加工。

三角形通孔加工路线：以图示位置的三角形为基本图形，顺铣三角形内轮廓，P→I→J→K→L→M→J→N→P。Z 向 15mm 切深分三次进刀完成，其余五个三角形通过坐标系旋转完成。三角形通孔作为内轮廓加工完成后，中间材料自行脱落，不必再进行区域加工。三角形内轮廓最小曲率半径为 R5，可选择ϕ8 端刃过中心立铣刀加工。

2. 程序清单

```
O0001;
G54 G00 G17 G80 G40 G49 G90;          保险句
    S1000 M03;
    M08;
    G98 G81 X0. Y0. Z-1. R2 F100.;    O 位置中心孔
    G80 G49 G00 Z100.;
O0002;                                换取 φ12 钻头，加工 φ20 底孔
    G54 G00 G17 G80 G40 G49 G90;      保险句
    S1000 M03;
    M08;
```

G98 G83 X0. Y0. Z-20. R2. Q4. F100.;	坐标原点，钻孔，断屑
G80 G49 G00 Z100.;	
O0003;	换取φ19.8 钻头，扩孔
S600 M03;	
M08;	
G998 G81 X0. Y0. Z-21. R2. F80.;	坐标原点，扩孔
G80;	
G00 Z100.;	
O0004;	换取φ18 立铣刀，环型槽加工
S600 M03;	
M08;	
X0. Y30.;	S 点，准备加工
Z2.;	接近工件
G41 X10. Y35.D41;	S→A，空中建立刀具半径补偿
G01 Z-3.5 F30.;	Z 向下刀
G03 X0. Y45. R10. F80.;	A→B
I0. J-45.;	B→C→B
X-10. Y35. R10.;	B→D
G01 Y25.;	D→E
G03 X0. Y15. R10.;	E→F
G02 I0. J-15.;	F→G→F
G03 X10. Y25. R10.;	F→H
G00 Z2.0;	抬刀
G40 X0. Y30.;	H→S
G49 G00 Z100.;	
O0005;	换取φ8 立铣刀，三角形加工
S1000 M03;	
M08;	
X0. Y0.;	坐标原点，坐标系旋转中心
M98 P3301;	调用三角形通孔子程序
G68 X0. Y0. R60.;	坐标系逆时针旋转 60°
M98 P3301;	调用三角形通孔子程序
G68 X0. Y0. R120.;	坐标系逆时针旋转 120°
M98 P3301;	调用三角形通孔子程序
G68 X0. Y0. R180.;	坐标系逆时针旋转 180°
M98 P3301;	调用三角形通孔子程序
G68 X0. Y0. R240.;	坐标系逆时针旋转 240°
M98 P3301;	调用三角形通孔子程序
G68 X0. Y0. R300.;	坐标系逆时针旋转 300°
M98 P3301;	调用三角形通孔子程序
G69;	坐标系旋转取消
G00 Z100.;	
O0006;	换取φ20 铰刀，铰孔
S200 M03;	
M08;	
G98 G81 X0. Y0. Z-18. R2. F150.;	铰孔
G80;	
G00 Z100.;	

```
M05;
M09;
M30;

O3301;                                    三角形通孔子程序
G00 X28. Y0.;                             P 点，准备加工
Z2.;
M98 P33302;                               调用三角形轮廓子程序三次
G00 Z2.;                                  抬刀
X0. Y0.;                                  回坐标原点
M99;

O3302;                                    三角形轮廓子程序
G91 G01 Z-6.5 F40;                        Z 向进给，每次 6.5mm
N70 G90 G01 G41 X40 Y-5. F100 D51;        P→I，建立 T4 刀具长度补偿
G03 X45 Y0 R5 F100.;                      I→J
G03 X41.229 Y18.032 R45. R5.;             J→K
G01 X10. Y0 R8;                           K→L
G01 X41.229 Y-18.032，R5;                 L→M
G03 X45 Y0 R45.;                          M→J
G03 X40 Y5 R5.;                           J→N
G01 G40 X28 Y0.;                          N→P
G91 G0 Z5
M99;
```

3．工件加工

（1）开机，各坐标轴手动回机床原点。

（2）工件的定位、装夹和找正。

（3）刀具安装。

（4）对刀，确定工件坐标系，并确定各刀具补偿值。

（5）程序输入并调试。

（6）自动加工。

（7）取下工件，清理并检测。

（8）清理工作现场。

操作提示

（1）在坐标系旋转取消指令（G69）以后的第一个移动指令必须用绝对值指定。如果采用增量值指令，则不执行正确的移动。

（2）在坐标系旋转编程过程中，如需采用刀具补偿指令进行编程，则需在指定坐标系旋转指令后，再指定刀具补偿指令，取消时，按相反顺序取消。

（3）在坐标系旋转方式中，返回参考点指令（G27、G28、G29、G30）和改变坐标系指令（G54～G59、G92）不能指定。如果要指定其中的某一个，则必须在取消旋转坐标系指令后指定。

（4）采用旋转坐标系编程时，要特别的注意刀具的起点位置，以防加工过程中出现过切现象。

考核评价

序号	评价项目	评价标准	备注
1	铣刀装夹	将弹簧夹套正确地装入刀柄，然后将直柄立铣刀装入，装夹长度要合适	5
2	装夹三爪卡盘	将自动定心三爪卡盘用压板正确地固定在机床工作台上（不少于三个压板）	5
3	换装卡爪	拆下正卡爪，换装反卡爪，注意卡爪装入卡盘的正确顺序	10
4	装夹工件	将工件装夹在三爪自动定心卡盘上并用螺栓压紧，正确的装夹顺序是：先用三爪预紧，然后用螺栓紧固，最后三爪夹紧	5
5	百分表安装	将装有百分表的磁力表座或专用找圆中心百分表正确地固定在机床主轴上	5
6	工件找正	以凸轮毛坯外圆为找圆中心基准，中心与外圆基准不同心误差不大于 0.03mm	20
7	对刀 建立工件坐标系	使用高度对刀仪标定所使用立铣刀的刀具长度值，正确计算零刀具与其他刀的长度差并输入机床，与实际值误差不超过 0.04mm，工件坐标系应与程序相吻合	10
8	模拟仿真加工	输入程序后，在机床上进行模拟仿真加工，检查 XY 平面：轮廓轨迹 XZ 平面：检查铣削深度	5
9	旋转轮廓加工	在凸轮加工过程中，及时安全清除切屑，冷却液充分冷却，精加工前测量加工余量，根据加工余量，修正刀具半径补偿值	10
10	尺寸测量	使用圆柱塞规测量凸轮槽宽和深度是否符合图纸精度要求	10
11	粗糙度	深槽侧壁粗糙度不大于 Ra3.6	5
12	安全操作	按实习要求着装，操作符合安全规范	5
13	结束工作	按操作规范清理复位机床，按规定归放刀具及工夹量具	5

 思考与练习

1. 旋转指令的应用场合。
2. 旋转后的轮廓是否改变了铣削方向？
3. 子程序的应用。
4. 用百分表和磁力表座以 R100 外圆为基准确定工件坐标系原点。
5. 用杠杆内径表精确测量三角形轮廓尺寸。
6. 用深度千分尺精确测量 R30 圆凸台深度尺寸。
7. 完成图 3-3-3 和图 3-3-4 所示工件的数控铣削编程。

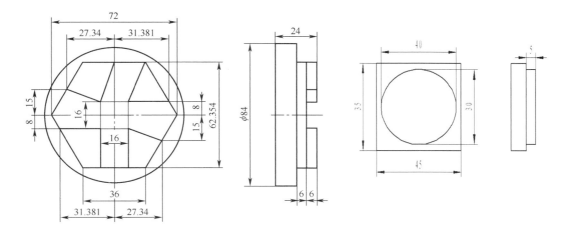

图 3-3-3 零件 1

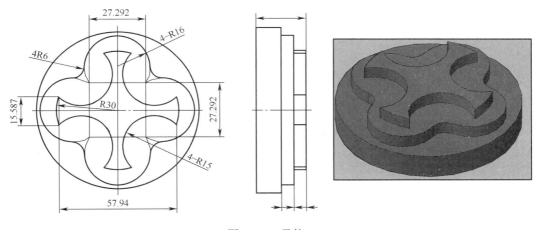

图 3-3-4 零件 2

模块四　平面区域铣削

课题一　型腔铣削

学习目标

1. 能进行图纸工艺分析;
2. 能编制由直线、圆弧等构成的二维内轮廓零件的铣削加工工艺文件;
3. 能正确编程;
4. 能合理地进行零件加工;
5. 能熟练掌握各尺寸的正确测量方法。

 任务引入

试加工如图 4-1-1 所示工件的内轮廓。

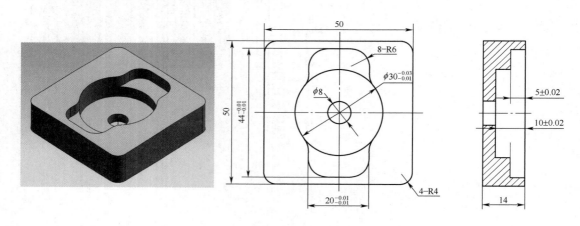

图 4-1-1　加工零件图

 任务分析

毛坯为铝件,材料为 LY12,外形不加工。该零件为型腔类零件,零件主要尺寸公差都要求在 0.03mm 以内,表面粗糙度为 Ra3.2um,需采用粗精加工。选择合适的下刀点以及刀具半径补偿距离是关键。

型腔内没有凸起的外轮廓,所以除需要进行平面内轮廓铣削以外,还要去除型腔内残余部分材料,要选择合适的下刀方法。

 **相关知识**

一、内部余量的去除

铣削型腔内的残余材料的背吃量又称为铣削的行距和层降深度。行距是指立铣刀的侧吃刀量，一般情况下，最大侧吃刀量应小于或等于立铣刀直径的 85%，行距应均匀。层降深度则要根据刀具材料和被加工材料的具体情况选择。

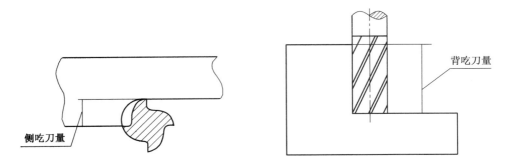

图 4-1-2　侧吃刀量与背吃刀量

铣削的切屑体积等于铣刀的背吃刀量与侧吃刀量的乘积，切削力的大小与切削体积的大小成正比，所以在选择铣刀的切削量时，应首先选择尽可能大的被吃刀量（切削深度）和相对较小的侧吃刀量，这样有利于提高刀具的耐用度。

型腔内轮廓铣削有两种方式：

（1）先去除残余部分材料，后铣削加工平面内轮廓。

（2）先铣削加工平面内轮廓，后去除残余部分材料。

虽然对于型腔内轮廓有两种铣削方式，但一般先去除型腔内残余部分材料后铣削加工内轮廓比先铣削加工型腔内轮廓效果要好一些。因为型腔内残余材料去除后，型腔内容屑空间变大，在铣削型腔内轮廓时就可以避免切屑被铣刀卷入从而形成二次铣削，破坏型腔内轮廓表面。

型腔铣削去除残余材料的走刀路线有单向走刀路线、往复走刀路线和环形走刀路线三种方式，不同走刀路线的安排各有优缺点，下面分别进行介绍。

1. 单向走刀路线

单向走刀路线是从平面轮廓型腔的一端下刀，当铣刀铣至平面型腔的另一端时，铣刀 Z 向快速抬至安全平面，然后快速返回下刀点，如图 4-1-3 所示。单向走刀的优点是能够始终保持顺铣方向或逆铣方向，铣削工艺性好，铣削路线也简单，编程方便。缺点是铣刀要快速返回起始点，走刀路线长。

2. 往复走刀路线

往复走刀路线是从平面轮廓型腔的一端下刀，当铣刀铣至平面型腔的另一端时，铣刀沿行距方向进刀，然后反方向走刀，如图 4-1-4 所示。往复走刀路线是连续走刀方式，其优点是走刀路线短，铣削路线简单，方便编程。缺点是顺铣和逆铣交替进行，铣削工艺性差。

3. 环形走刀路线

环形走刀路线的方式既能够保持顺铣或逆铣方向不变，铣削工艺性好，又缩短了铣刀的走刀路线，避免走空刀，提高了加工效率，缺点是编程要麻烦一些，如图 4-1-5 和图 4-1-6 所示。

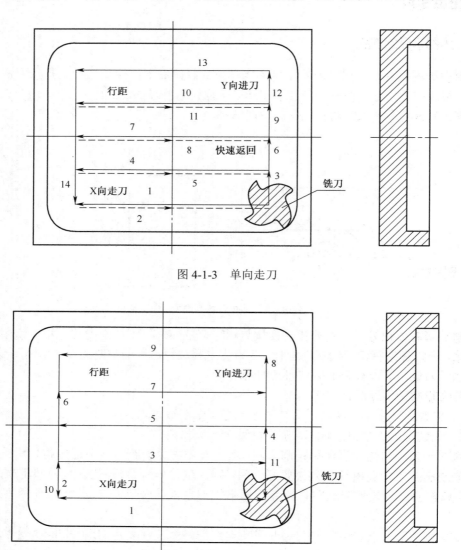

图 4-1-3　单向走刀

图 4-1-4　往复走刀

环形走刀路线方式有两种：一种是由内向外，另一种是外向内。

（1）环形内向外走刀路线。

平面型腔环形内向外走刀路线方式的下刀点是在矩形腔的几何中心，当矩形腔的长度与宽度不相等时，为使铣削余量（行距）在 X 方向和 Y 方向上相等，铣削应在矩形腔的长向开始，铣削长度 B 等于矩形腔的长度和宽度之差，此时矩形腔的各个方向的铣削余量 A 相同。根据铣削工艺的需求，环形走刀路线可以设计为顺铣方式也可以设计为逆铣方式，图 4-1-5 所示环形走刀路线为顺铣方式。

（2）环形外向内走刀路线。

平面型腔外向内走刀路线方式的下刀点是在矩形腔的任意一外角，铣削一周后斜向进刀至下一环切起点，由外向内。同环形走刀路线内向外一样，矩形腔的各向切削余量应保持一致，环切路线根据铣削工艺需要，可以设计为顺铣或逆铣。

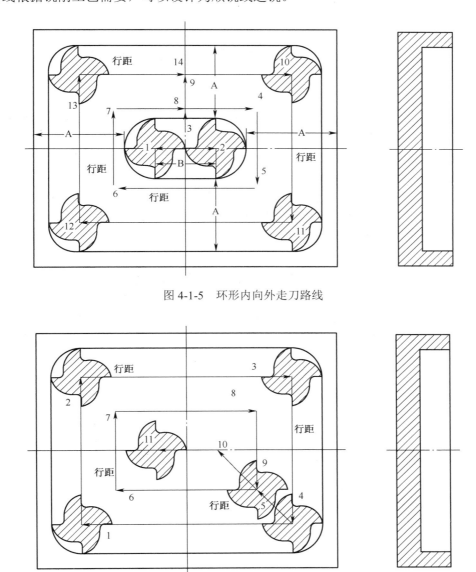

图 4-1-5　环形内向外走刀路线

图 4-1-6　环形外向内走刀路线

一般来说，环切走刀路线内向外的效果要好于外向内。

对于其他平面型腔区域铣削的走刀路线，在自动编程方式的 CAM（计算机辅助加工）软件的平面区域加工中有更多的选择。手工编程一般采用以上三种走刀路线，其他形状的平面型腔，根据型腔的几何形状选用三种走刀路线中的一种。

二、内轮廓铣削加工的刀具

铣削内轮廓的刀具与铣削外轮廓的刀具相同，不同的是在铣削外轮廓时可以选择在工件外下刀，在工件外下刀可以选择使用底刃不过中心的立铣刀。底刃不过中心的立铣刀在价格上要比底刃过中心的立铣刀便宜。在加工内轮廓时，由于只能在工件内下刀，所以要用底刃过中心的立铣刀。使用底刃不过中心的立铣刀时上要预先钻下刀孔或采用螺旋下刀方式。

三、型腔铣削的下刀方法

在型腔的铣削中，合理地选择切削加工方向和进刀切入方式会直接影响零件的加工精度和加工效率。

1. 预先钻孔法

先用钻头在下刀位置预钻一个孔，铣刀在预钻孔处下刀铣削。这种方法的优点是对铣刀种类没有要求，下刀速度不用降低。缺点是多用一把钻头，加长了生产时间。适宜大面积切削和零件表面粗糙度要求较高的情况。

2. 直接下刀法

用键槽铣刀直接垂直下刀并铣削。因为键槽铣刀切削刃通过铣刀中心，可以直接切削，但由于键槽铣刀只有两刃切削，加工时的平稳性也就较差，下刀不能过快。通常只用于小面积切削和被加工零件表面粗糙度要求不高的情况。

3. 螺旋下刀法

螺旋下刀方式在现代数控加工应用较为广泛，轴向力比较小。通过刀片的侧刃和底刃的切削，避开刀具中心无切削刃部分与工件的干涉，使刀具沿螺旋朝深度方向渐进，从而达到进刀的目的，这样可以在切削的平稳性与切削效率之间取得一个较好的平衡点。特别是模具制造行业中应用最为常见（如图 4-1-7 所示）。

螺旋下刀的缺点是切削路线较长。不适合加工比较狭窄的型腔。

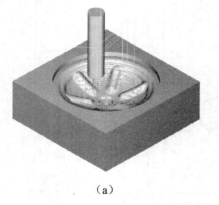 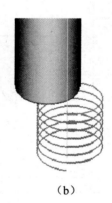

（a） （b）

图 4-1-7 螺旋下刀方式

4. 斜线下刀法

斜线下刀时，刀具快速下至加工表面上方一个距离后，改为以一个与工件表面成一角度的方向，以斜线的方式切入工件来达到 Z 向进刀的目的，如图 4-1-8 所示。斜线下刀方式更适合顺铣加工，通常用于宽度较小的长条形的型腔加工。

斜线下刀主要的参数有：斜线下刀的起始高度、切入斜线的长度、切入和反向切入角度。起始高度一般设在加工面上方 0.5～1mm 足够；切入斜线的长度要视型腔空间大小及铣削深度来确定，一般是斜线越长，进刀的切削路程就越长；切入角度选取得太小，斜线数增多，切削路程加长；角度太大，又会产生不好的端刃切削的情况，一般选 5°～20°度之间为宜。通常进刀切入角度和反向进刀切入角度取相同的值。

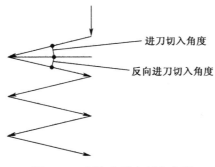

图 4-1-8　切入和反向切入角度

 任务实施

一、工艺准备

1. 毛坯：50mm×50mm×30mm
2. 加工设备选择
（1）机床：数控铣床。
（2）刀具：切削刀具与参数见表 4-1-1。

表 4-1-1　切削刀具与参数

序号	加工面	刀具号	刀具规格		主轴转速 n/r.min-1	进给速度 V/mm.min-1
			类型	材料		
1	平面铣削	T10	φ10 立铣刀	高速钢	1200	300
2	轮廓加工	T1	φ10 立铣刀	硬质合金	1500	300
3	孔加工	T2	φ6 中心钻	高速钢	1500	60
4	孔加工	T3	φ8 钻头	合金	1200	60

（3）量具：300mm 钢板尺、0～150mm 游标卡尺、0～25mm 千分尺。
（4）夹具：平口虎钳。
3. 制定工艺
（1）零件分析。
分析图纸应先加工 R15 的圆槽，以便去除中心余料（也可从中心快速下刀加工）。
（2）加工顺序。
1）手动进行平面切削。
2）内外轮廓粗加工。用 G54、G90、G00、G01、G02、G03 G50.1 等指令进行单边留 0.1mm 的精加工余量。
3）内外轮廓精加工。用 G54、G90、G00、G01、G02、G03 G50.1 等指令进行达到尺寸要求。
4）中心钻定位。用 G54 G90 G00 G81 G80 G98 等指令进行达到尺寸要求。
5）钻头钻孔。

（3）走刀路线。粗加工为往复走刀，精加工为单向走刀。

（4）编程坐标系。

4．填写工艺文件（表 4-1-2，表 4-1-3，表 4-1-4）

表 4-1-2 数控加工工艺过程卡片

数控加工工艺卡片		零件图号	零件名称		材料		使用设备		
		4-1-1	凹模		LY12		数控铣床		
工步号	工步内容	刀具号	刀具名称	刀具规格	主轴转速	进给速度	刀具半径补偿号	刀具长度补偿号	备注
1	平面切削	T10	立铣刀	$\phi 10$	1200	300			手动
2	内外轮廓粗加工	T1	立铣刀	$\phi 10$	1500	300	D01	H01	自动
3	内外轮廓精加工	T1	立铣刀	$\phi 10$	1500	300	D02	H01	自动
4	中心钻定位	T2	中心钻	$\phi 6$	1500	60		H02	自动
5	钻头钻孔	T3	钻头	$\phi 8$	1200	60		H03	自动

表 4-1-3 数控加工工序卡片（一）

单位		数控加工工序卡片		产品名称或代号	零件名称	零件图号
					凹模	4-1-1
工序简图				车间	使用设备	
				金工车间	数控铣床	
				工艺序号	程序编号	
				10		
				夹具名称	夹具编号	
				平口虎钳		

工步号	工步作业内容	加工面	刀具号	刀补量	主轴转速	进给速度	背吃刀量	备注
1	平面切削	上表面	T10		1200	300	a_p	手动

编制		审核		批准		年 月 日	共 2 页	第 1 页

表 4-1-4　数控加工工序卡片（二）

单位	数控加工工序卡片		产品名称或代号	零件名称	零件图号
				凹模	4-1-1

工序简图

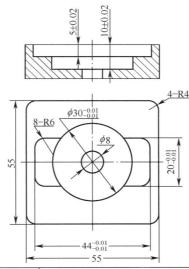

车间	金工车间	使用设备	数控铣床			工艺序号		10	
夹具名称	平口虎钳	夹具编号				程序编号			
工步号	工步作业内容	加工面	刀具号	刀补量	主轴转速	进给速度	背吃刀量	备注	
2	轮廓加工	内外轮廓	T1	5	1500	300	2.5	自动	
3	孔加工	点窝	T2		1500	60	3	自动	
4	孔加工	钻孔	T3		1200	60	4	自动	
编制		审核		批准		年　　月　　日		共 2 页	第 1 页

二、程序清单

主程序为 O1，子程序为 O2 和 O3，O3 为 R15 圆加工。

D01、D02 是需加的半径补偿，H01、H02、H03 为刀具的长度补偿。

O1;

	装夹轮廓铣刀
N1 G90G54G00X0Y0;	快速定位到工件原点
N2 M08;	冷却液开
N3 G50.1Y0;	镜像取消
N4 M03 S1200;	主轴正转
N5 Z100;	Z轴快速定位到工件上表面 100 的位置
N6 G00 Z1;	速定位到工件上表面 1 的位置
N7 M98P3L4D01;	用粗加工子程序 O3（加工 R15 圆）调用四次，每次 Z 方向进给 2.5mm

N8 G90G00Z100;

N9 G90G54G00X0Y0;

N10 Z1;

N11 M98P2L2D01;　　　　　　　　　　　调用粗加工子程序 O2 两次，每次进给 2.5mm（加工上部 U 型台阶）

N12　G90G00Z100;

N13　G51.1Y0;　　　　　　　　　　　　对子程序 O2 进行镜像

N14　Z1;

N15　M98P2L2D01;

N16　G90G00Z100;

N17　G50.1Y0;　　　　　　　　　　　　镜像取消

N18　M05;　　　　　　　　　　　　　　主轴停转

N19　M09;　　　　　　　　　　　　　　冷却液关

N21　G90G54G00X0Y0;

N22　M03S1500;

N23　M08;

N24　G50.1Y0;

N25　Z100;

N26　Z-6.5;

N27　M98P3D02;　　　　　　　　　　　调用子程序 O3 进行精加工

N28　G90G00Z100;

N29　G90G54G00X0Y0;

N301　Z-1.5;

N31　M98P2D02;　　　　　　　　　　　调用子程序 O2 进行精加工

N32　G90G00Z100;

N33　G51.1Y0;

N34　Z-1.5;

N35　M98P2D02;

N36　G90G00Z100;

N37　G50.1Y0;

N38　M05;

N39　M09;

T2;　　　　　　　　　　　　　　　　　装夹中心钻

N40　G90G54G00X0Y0;

N41　M03S1500;

N42　M08;

N43　G43H02Z100;

N44　Z50;

N45　G81Z-12.5F60R-8;　　　　　　　　固定循环指令进行孔加工

N46　G80Z100;

N47　M05;

N48　M09;

T3;　　　　　　　　　　　　　　　　　T3 钻头

N49　G90G54X0Y0;

N50　M03S1200;

N51　　M08;

N52　　Z100;

N53　　G83Z-15R-8Q3F60;　　　固定循环指令进行孔加工

N54　　G80Z100;

N55　　M09;

N56　　M05;

N57　　M30;

O2;

　N1　　G90G01G41X-11.429Y-9.715F300;

　N2　　G91G01Z-3.5F100;

　N3　　G90G02X-10Y-13.601R6F300;

　N4　　G01Y-22，R6;

　N5　　X10，R6;

　N6　　Y-13.601;

　N7　　G02X11.429Y-9.715R6;

　N8　　G40G01X0Y0;

　N9　　G91G01Z1;

　N10　　M99;

O3;

　N1　　G91G01Z-3.5F30;

　N2　　G90G01X0Y-7F300;

　N3　　G03J7

　N4　　G41G01X0Y-15F300

　N5　　G03J15;

　N6　　G40G01X0Y0;

　N7　　G91G01Z1;

　N8　　M99

三、工件加工

（1）开机，各坐标轴手动回机床原点，预热。

（2）刀具安装。

根据加工要求选择φ10高速钢立铣刀，用弹簧夹头刀柄装夹后将其装上主轴。

（3）清洁工作台，安装夹具和工件。

将平口虎钳清理干净并放在干净的工作台上，通过百分表找正、找平虎钳，再将工件装正在虎钳上。

（4）对刀设定工件坐标系。

1）用寻边器对刀，确定X、Y向的零偏值，将X、Y向的零偏值输入到工件坐标系G54中;

2）将加工所用刀具装上主轴，再将Z轴设定器安放在工件的上表面上，确定Z向的零偏值，输入到工件坐标系G54中。

（5）设置刀具补偿值。

将刀具半径补偿值5输入到刀具补偿地址D01。

（6）输入加工程序。

将计算机生成好的加工程序通过数据线传输到机床数控系统的内存中。

（7）调试加工程序。

把工件坐标系的 Z 值沿+Z 向平移 100mm，按下【数控启动】键，适当降低进给速度，检查刀具运动是否正确。

（8）自动加工。

将工件坐标系的 Z 值恢复原值，将进给倍率开关调到低档，按下【数控启动】键运行程序，开始加工。机床加工时，适当调整主轴转速和进给速度，并注意监控加工状态，保证加工正常。

（9）取下工件，用游标卡尺进行尺寸检测。

（10）清理加工现场。

 考核评价

序号	评价项目	评价标准	备注
1	铣刀装夹	将弹簧夹套正确地装入刀柄，然后将直柄立铣刀装入，装夹长度要合适	5
2	虎钳找正	找正后，虎钳钳口平行度误差不大于 0.03mm	5
3	工件装夹	选择合适的垫铁，工件加工面超出钳口高度适中，工件装夹基准面是否与垫铁和钳口贴实无间隙	5
4	工件找中	用寻边器以工件四边为基准找正工件中心，对中误差 0.02mm（主轴转速最高不超过 500n/min）	10
5	对刀	使用高度对刀仪标定所使用立铣刀的刀具长度值，正确计算零刀具与其他刀的长度差并输入机床，与实际值误差不超过 0.04mm	10
6	模拟仿真加工	输入程序后，在机床上进行模拟仿真加工，检查 XY 平面、轮廓轨迹 XZ 平面、检查铣削深度	5
7	加工	切削用量选择合理	5
		刀具选择合理	5
		加工程序编制合理，加工路线合理，空刀轨迹少，程序精炼，没有编程错误（一个错误语句扣 1 分）	10
		六个尺寸，一个尺寸超差扣 3 分	18
		正确使用量具，准确测值，方法错误扣 8 分	8
		表面粗糙度符合要求	4
8	安全操作	按实习要求着装，操作符合安全规范	5
9	结束工作	按操作规范清理复位机床，按规定归放刀具及工夹量具	5

 思考与练习

1. 型腔去余料的方法是什么？特点是什么？
2. 型腔铣削的下刀方法有几种？各有什么特点？
3. 编制图 4-1-9 所示零件数控加工程序并加工。

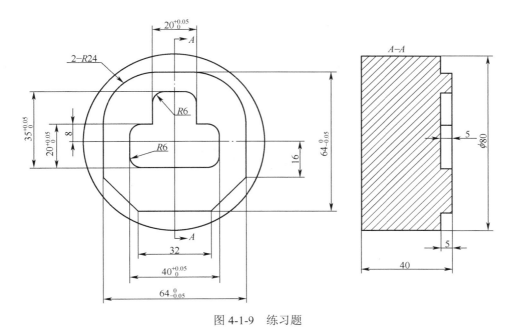

图 4-1-9 练习题

4．编制图 4-1-10 所示零件数控加工程序并加工。

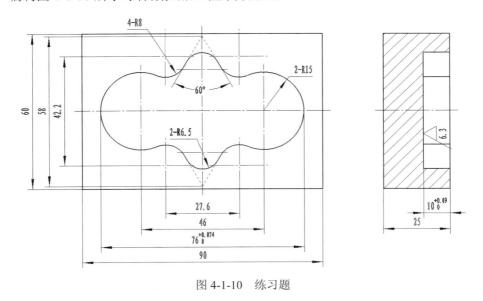

图 4-1-10 练习题

课题二 岛屿铣削

学习目标

1．能编制岛屿铣削加工工艺；
2．能正确编程，合理地进行岛屿零件加工

任务引入

铣削如图 4-2-1 所示工件的内部形腔。

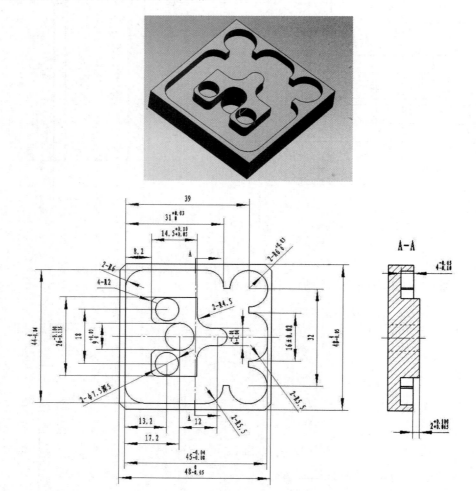

图 4-2-1　带岛屿的型腔铣削

 任务分析

　　岛屿铣削加工应注意综合考虑下刀点位置，尤其是走刀空间较小的情况下，更加要考虑走刀路径，防止轮廓过切。该零件由内外轮廓组成，其几何形状为壳类零件，零件主要尺寸都在 0.03mm 以内，表面粗糙度为 3.2μm，需采用粗精加工。而且工件形状复杂，轮廓间的尺寸间隙小，要特别注意选择合适的下刀点和刀具半径补偿距离。

 相关知识

走刀路线的确定

岛屿铣削加工要注意的问题如下：

（1）路线要短，空走刀尽量少。

（2）程序要进行优化，要短。

（3）铣削槽类零件时，为保证内侧表面无刀痕，应尽量采用切向切入/切出。

（4）由于垂直下刀时键槽铣刀振动厉害，应先在下刀位置钻孔。

（5）采用坐标旋转指令时，完成切削后要注意取消坐标旋转，再进行下一步动作，否则会产生误切。

（6）为保证偏壁表面质量，应采用切向切入/切出避免刀痕，精铣采用顺铣。

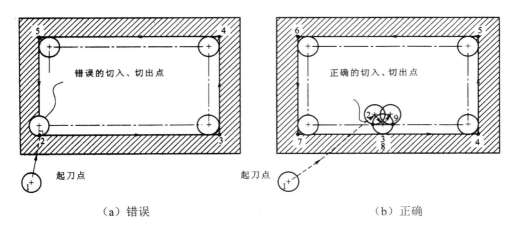

（a）错误　　　　　　　　　　　　（b）正确

图 4-2-2　切入/切出点

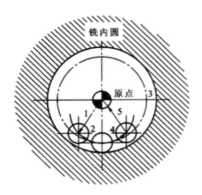

图 4-2-3　铣内圆

 任务实施

一、工艺准备

毛坯：50mm×50mm×30mm。

设备：数控铣床。

刀具：见表 4-2-1。

量具：300mm 钢板尺、0～150mm 游标卡尺、0～25mm 千分尺。

夹具：平口台虎钳。

表 4-2-1　切削刀具与参数

序号	加工面	刀具号	刀具规格		主轴转速 n/r.min-1	进给速度 V/mm.min-1
			类型	材料		
1	平面铣削	T10	ϕ10 立铣刀	高速钢	1200	300
2	轮廓加工	T1	ϕ10 立铣刀	硬质合金	1500	300
3	孔加工	T2	ϕ6 中心钻	高速钢	1500	60
4	孔加工	T3	ϕ8 钻头	合金	1200	60

二、确定加工步骤与走刀路线

通过分析图纸，应先加工 R15 的圆槽（以便去除中心余料，也可从中心快速下刀加工）。加工步骤：

（1）装夹刀具。

（2）刀具登录。

（3）刀具长度、直径补偿量输入。

（4）装夹工件。

（5）确定工件原点。

（6）输入工件坐标系。

（7）录入程序。

（8）模拟显示。

（9）试加工。

（10）正式加工。

（11）平面切削。用手动进行。

（12）内外轮廓粗加工。用 G54、G90、G00、G01、G02、G03 G50.1 等指令进行单边留 0.1mm 的精加工余量。

（13）内外轮廓精加工。用 G54、G90、G00、G01、G02、G03 G50.1 等指令进行达到尺寸要求。

（14）中心钻定位。用 G54 G90 G00 G81 G80 G98 等指令进行达到尺寸要求。

（15）钻头钻孔。

（16）填写工艺文件。

表 4-2-2　数控加工工艺过程卡片

数控加工工艺卡片		零件图号	零件名称		材料		使用设备		
		4-1-1	凹模		LY12		数控铣床		
工步号	工步内容	刀具号	刀具名称	刀具规格	主轴转速	进给速度	刀具半径补偿号	刀具长度补偿号	备注
1	平面切削	T10	立铣刀	ϕ10	1200	300			手动
2	内外轮廓粗加工	T1	立铣刀	ϕ10	1500	300	D01	H01	自动
3	内外轮廓精加工	T1	立铣刀	ϕ10	1500	300	D02	H01	自动
4	中心钻定位	T2	中心钻	ϕ6	1500	60		H02	自动
5	钻头钻孔	T3	钻头	ϕ8	1200	60		H03	自动

表 4-2-3　数控加工工序卡片

单位	数控加工工序卡片	产品名称或代号	零件名称	零件图号
			凹模	4-2-1

工序简图

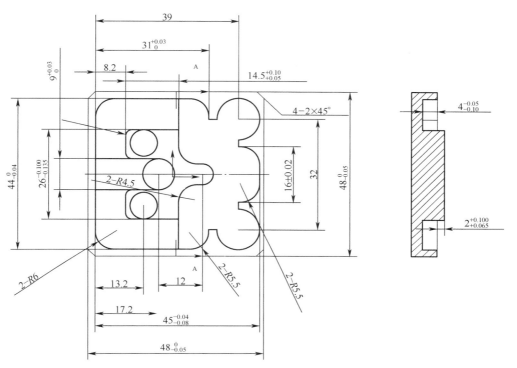

车间	金工车间	使用设备		数控铣床			工艺序号		10
夹具名称	平口虎钳	夹具编号					程序编号		
工步号	工步作业内容	加工面	刀具号	刀补量	主轴转速	进给速度	背吃刀量	备注	
2	轮廓粗加工	内外轮廓	T1	5	1500	300	5～10	自动	
3	轮廓精加工	内外轮廓	T1	5.01	1500	300	5～10	自动	
3	孔加工	点窝	T2		1500	60	3	自动	
4	孔加工	钻孔	T3		1200	60	4	自动	
编制		审核		批准		年　月　日		共 2 页	第 1 页

三、程序清单

主程序为 O1，子程序为 O2、O3、O4、O5、O6。

D01、D02 是需加的半径补偿。

O1;　　　　　　　　　　　　主程序

　　　　　　　　　　　　　安装第一把刀

　　N1　　G90G54G00X50Y0;　　快速移动到指定位置

N2	M3S1500;	主轴正转
N3	M8;	切削液开
N4	D01M98P2;	调用子程序 O2 一次
N5	Z100;	Z 轴快速定位
N6	D01M98P3;	调用子程序 O3 一次
N7	G0Z100;	Z 轴快速定位
N8	D01M98P4;	调用子程序 O4 一次
N9	G0Z100;	Z 轴快速定位
N10	D01M98P5;	调用子程序 O5 一次
N11	G0Z100;	Z 轴快速定位
N12	M98P6;	调用子程序 O6 一次
N13	G0Z100;	Z 轴快速定位
N14	D02M98P2;	调用子程序 O2 一次
N15	G0Z100;	Z 轴快速定位
N16	D02M98P3;	调用子程序 O3 一次
N17	G00Z100;	Z 轴快速定位
N18	D02M98P4;	调用子程序 O4 一次
N19	G0Z100;	Z 轴快速定位
N20	D02M98P5;	调用子程序 O5 一次
N21	G0Z100;	Z 轴快速定位
N22	M5;	主轴停转
N23	M9;	切削液停
N24	M30;	程序结束

O2;		子程序（铣外轮廓）
N1	G00Z50;	Z 轴快速定位
N2	Z5;	Z 轴快速定位
N3	G41G01X34Y10F300;	X、Y 方向进给，并调用刀具半径补偿
N4	Z-10;	
N5	GO3X24Y0R10;	
N6	G01Y-24，C2;	
N7	X-24,C2;	外轮廓
N8	Y24,C2;	
N9	X24,C2;	
N10	Y0;	
N11	G03X34Y-10R10;	
N12	G1Z5;	
N13	GO00Z50;	
N14	G40X50;	取消刀具半径补偿
N15	M99;	子程序结束
O3;	子程序（铣内轮廓）	
N1	G00Z50;	Z 轴快速定位
N2	Z5;	Z 轴快速定位
N3	G41G01X-22Y10F300;	X、Y 方向进给，并调用刀具半径补偿
N4	Z-6F30;	
N5	G01X-22.2Y0;	
N6	Y-22,R6;	
N7	X8.8,R5.5;	内轮廓

N8	Y-16;	
N9	X16.8;	
N10	Y-8;	
N11	X22.8,R5.5;	
N12	Y8,R5.5;	
N13	X16.8;	
N14	Y16;	
N15	X8.8;	
N16	Y22,R5.5;	
N17	X-22.2,R6;	
N18	Y0;	
N19	Z5;	
N20	G0Z50;	
N21	G40X50;	取消刀具半径补偿
N22	M99;	子程序结束

O4;	子程序（铣岛屿）	
N1	G00Z50;	Z轴快速定位
N2	Z5;	Z轴快速定位
N3	G41G01X-14Y0F300;	X、Y方向进给，并调用刀具半径补偿
N4	Z-6F30;	
N5	Y13，R2F300;	
N6	G01X0.5;	
N7	Y3,R4.5;	
N8	X7;	内轮廓
N9	G02Y-3R3;	
N10	G01X0.5,R4.5;	
N11	Y-13;	
N12	X-14,R2;	
N13	Y-4.5,R2;	
N14	X-5;	
N15	G03Y4.5,R4.5;	
N16	G01X-14,R2;	
N17	Y13.5;	
N18	Z5;	
N19	G0Z50;	
N20	G40X50;	取消刀具半径补偿
N21	M99;	子程序结束

O5;	子程序（铣直径为9的圆）	
N1	G00Z50;	Z轴快速定位
N2	Z5;	Z轴快速定位
N3	X-5Y0;	
N4	G01Z-9F30;	
N5	G41G01X-0.5Y0F300;	X、Y方向进给，并调用刀具半径补偿
N6	G1Z5;	
N7	GO0Z50;	
N8	G40X50;	取消刀具半径补偿

N9	M99;	子程序结束

O6;	子程序（去除余料）	
N1	G00Z50;	Z 轴快速定位
N2	Z5;	Z 轴快速定位
N3	G01X-23Y-30F300;	X、Y 方向进给
N4	Z-2.08;	
N5	Y23;	
N6	X9.5;	
N7	Y19;	
N8	X12;	
N9	Y23;	
N10	X23;	
N11	Y9;	
N12	X19;	
N13	Y8;	
N14	X23;	
N15	Y-8;	
N16	X19;	
N17	Y-9;	
N18	X23;	
N19	Y-23;	
N20	X12;	
N21	Y-19;	
N22	X9.5;	
N23	Y-23;	
N24	X-30;	
N25	G1Z5;	
N26	G0Z50;	
N27	M99;	子程序结束

O7;	主程序（点中心孔）	
N1		安装中心钻
N2	G90G54G00X-9Y9;	快速移动到指定位置
N3	M3S15OO;	主轴正转
N4	M8;	切削液开
N5	Z50;	Z 轴快速定位
N6	G81Z-2R1F50;	固定循环指令孔加工
N7	Y-9;	
N8	G80;	取消固定循环
N9	M05;	主轴停转
N10	M09;	切削液停
N11	M30;	程序结束

O8;		主程序（打孔）
		安装钻头
N1	G90G54G00X-9Y9;	快速移动到指定位置
N2	M3S12OO;	主轴正转

N3	M8;	切削液开
N4	G43H03Z5O;	Z 轴快速定位
N5	G83Z-7R1Q2F80;	固定循环指令打孔加工
N6	Y-9;	
N7	G80;	取消固定循环
N8	M05;	主轴停转
N9	M9;	切削液停
N10	M30;	程序结束

四、工件加工

（1）开机，各坐标轴手动回机床原点。

（2）刀具安装。

根据加工要求选择 ϕ10 高速钢立铣刀，用弹簧夹头刀柄装夹后将其装上主轴。

（3）清洁工作台，安装夹具和工件。

将平口虎钳清理干净并放在干净的工作台上，通过百分表找正、找平虎钳，再将工件装正在虎钳上。

（4）对刀设定工件坐标系。

1）用寻边器对刀，确定 X、Y 向的零偏值，将 X、Y 向的零偏值输入到工件坐标系 G54 中；

2）将加工所用刀具装上主轴，再将 Z 轴设定器安放在工件的上表面上，确定 Z 向的零偏值，输入到工件坐标系 G54 中。

（5）设置刀具补偿值。

将刀具半径补偿值 5 输入到刀具补偿地址 D01。

（6）输入加工程序。

将计算机生成好的加工程序通过数据线传输到机床数控系统的内存中。

（7）调试加工程序。

把工件坐标系的 Z 值沿+Z 向平移 100mm，按下【数控启动】键，适当降低进给速度，检查刀具运动是否正确。

（8）自动加工。

将工件坐标系的 Z 值恢复原值，将进给倍率开关打到低档，按下【数控启动】键运行程序，开始加工。机床加工时，适当调整主轴转速和进给速度，并注意监控加工状态，保证加工正常。

（9）取下工件，用游标卡尺进行尺寸检测。

（10）清理加工现场。

操作提示

（1）为保证加工走向无刀痕，应尽量采用切向切入和切出，尤其在铣削内轮廓时，切削过程不停刀。如图 4-2-1 所示的带岛屿的型腔，入刀时既要考虑型腔的接刀痕，还要考虑到避免岛屿的过切。

（2）由于垂直下刀时铣刀振动严重，应先在下刀位置钻孔或选择螺旋式下刀。图 4-2-1 中带岛屿的型腔就可以在工件的几何中心的位置上进行钻孔，为粗精加工刀具下刀打基础。

（3）为保证表面质量，精铣采用顺铣。P101 程序中均采用的左刀补 G41 指令。

（4）根据刀具的直径选择合适的下刀位置，以便加工时能够将刀具半径补偿值加入到程序中。也可选择将刀具半径补偿值加上后再下刀，但要注意在执行刀具半径补偿的程序段中，不能连续两句或更多没有 X、Y 移动语句，例如：G01 Z-3 F300;、G91 G01 X0 Y0 F400;、M08;、G04 P2000;等。

（5）粗加工时应选择合适的走刀路线，路线要短，程序应进行优化，空走刀要少，切削过程中不要停刀，否则将会留下刀痕，如图 4-2-4 所示。

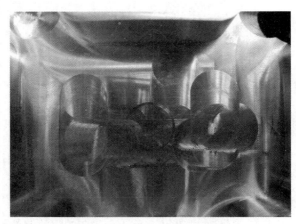

图 4-2-4　停刀造成的刀痕

 考核评价

序号	评价项目	评价标准	备注
1	铣刀装夹	将弹簧夹套正确地装入刀柄，然后将直柄立铣刀装入，装夹长度要合适	5
2	虎钳找正	找正后虎钳钳口平行度误差不大于 0.03mm	5
3	工件装夹	选择合适的垫铁，工件加工面超出钳口高度适中，工件装夹基准面是否与垫铁和钳口贴实无间隙	5
4	工件找中	用寻边器以工件四边为基准找正工件中心，对中误差 0.02mm（主轴转速最高不超过 500n/min）	10
5	对刀	使用高度对刀仪标定所使用立铣刀的刀具长度值，正确计算零刀具与其他刀的长度差并输入机床，与实际值误差不超过 0.04mm	10
6	模拟仿真加工	输入程序后，在机床上进行模拟仿真加工，检查 XY 平面、轮廓轨迹 XZ 平面，检查铣削深度	5
7	加工	切削用量选择合理	5
		刀具选择合理	5
		加工程序编制合理：加工路线合理，空刀轨迹少，程序精炼，没有编程错误（一个错误语句扣 1 分）	10
		十个尺寸，一个尺寸超差扣 2 分	20
		正确使用量具，准确测值，方法错误扣 8 分	6
		表面粗糙度符合要求	4
8	安全操作	按实习要求着装，操作符合安全规范	5
9	结束工作	按操作规范清理复位机床，按规定归放刀具及工夹量具	5

思考与练习

1. 加工图 4-2-5 所示零件。

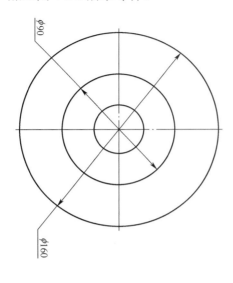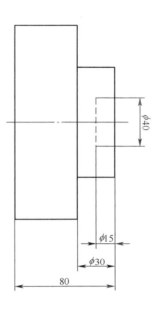

图 4-2-5　练习题

2. 加工图 4-2-6 所示的零件，毛坯为经过预先铣削加工过的规则 45 号钢，尺寸为 120mm ×120mm×20mm。试编制数控铣削加工工艺及加工程序。

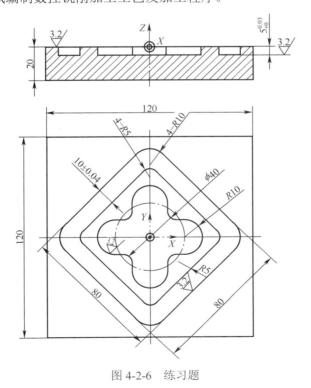

图 4-2-6　练习题

3．成形凸轮加工，如图 4-2-7 所示。

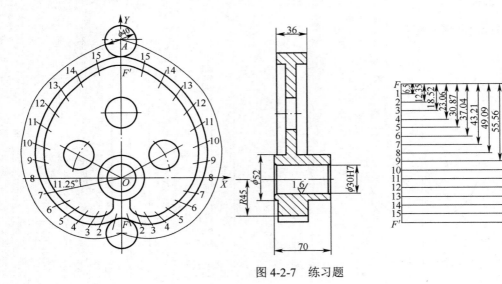

图 4-2-7　练习题

模块五　孔加工

课题一　单孔加工

学习目标

1. 能合理编制钻、扩、铰、镗、攻丝等孔加工的数控加工程序;
2. 能熟练地进行钻、扩、铰、镗、攻丝等孔加工操作;
3. 能熟练掌握孔的正确测量方法。

任务 1　小直径孔加工

 任务引入

图 4-1-1 所示加工零件图，毛坯为铝件，材料为 LY12，外形不加工。该零件为型腔类零件，中心为 ϕ8 通孔。

 任务分析

该零件的孔直径不大，要求也不高，可由定尺寸孔加工刀具直接加工完成。刀具在 XY 平面内定位到孔的中心，然后刀具在 Z 方向作一定的切削运动，孔的直径由刀具的直径来决定。

 相关知识

数控铣床在加工箱体类零件时经常会遇到孔加工的问题。孔加工的特点是刀具在 XY 平面内定位到孔的中心，然后刀具在 Z 方向作一定的切削运动。孔的直径由刀具的直径来决定。根据实际选用刀具和编程指令的不同，可以实现钻孔、铰孔、镗孔、攻丝等孔加工的形式。对于位置精度或尺寸精度要求较高的零件，在钻孔之前先用中心钻钻出孔的中心位置，提高钻孔的稳定性。而对于孔径较大且孔的精度要求较高的孔，一般精加工采用镗孔的加工方式来加工。

一、孔的加工方法

1. 光孔加工

对于直径大于 ϕ30mm 的已铸造或锻造的毛坯孔的孔加工，一般采用粗镗－半精镗－孔口倒角－精镗的加工方案。

孔径较大的可采用立铣刀粗铣－精铣加工方案。

对于直径小于 ϕ30mm 无底孔的孔加工，通常采用锪平端面－打中心孔－钻－扩－孔口倒角－铰加工方案。

对有同轴度要求的小孔，需采用锪平端面－打中心孔－钻－半精镗－孔口倒角－精镗（或铰）加工方案（特别是加工台阶孔）。

具体加工方案可参考表 5-1-1。

表 5-1-1　孔的加工方法选择

孔的精度	孔的毛坯性质	
	在实体材料上加工孔	预先铸出或热冲出的孔
H13、H12	一次钻孔	用扩孔钻钻孔或镗刀镗孔
H11	孔径≤10：一次钻孔 孔径>10~30：钻孔及扩孔 孔径>30~80：钻孔、扩孔或钻、扩、镗孔	孔径≤80：粗扩、精扩 或用镗刀粗镗、精镗 或根据余量一次镗孔或扩孔
H10 H9	孔径≤10：钻孔及铰孔 孔径>10~30：钻孔、扩孔及铰孔 孔径>30~80：钻孔、扩孔、铰孔或钻、镗、铰（或镗）	孔径≤80 用镗刀粗镗（一次或二次，根据余量而定） 铰孔（或精镗）
H8 H7	孔径≤10：钻孔、扩孔、铰孔 孔径>10~30：钻孔、扩孔及一次或两次铰孔 孔径>30~80：钻孔、扩孔（或用镗刀分几次粗镗） 一次或二次铰孔（或精镗）	孔径≤80 用镗刀粗镗（一次或二次，根据余量而定） 及半精镗，精镗或精铰

2.　螺纹加工

内螺纹的加工根据孔径的大小，一般情况下，M6~M20 之间的螺纹通常采用攻螺纹的方法加工。因为数控铣床上攻小直径螺纹丝锥容易折断，M6 以下的螺纹可在数控车上完成底孔加工，再通过其他方法攻螺纹。对于外螺纹或 M20 以上的内螺纹，一般采用铣削加工方法。

3.　确定走刀路线

确定孔加工的走刀路线时，尽量选取最短的路线，减少空行程的执行时间对生产率的影响。

二、孔加工刀具

数控铣床切削加工具有高速、高效的特点，与传统铣床切削加工相比较，数控铣床对切削加工刀具的要求更高，铣削刀具的刚性、强度、耐用度和安装调整方法都会直接影响切削加工的工作效率；刀具的本身精度，尺寸稳定性都会直接影响工件的加工精度及表面的加工质量，合理选用切削刀具也是数控加工工艺中的重要内容之一。孔加工时，可采用钻头、铰刀、镗刀等孔加工。

1.　孔加工常用刀具

（1）数控钻头。常用于较小直径的孔加工。

（2）数控铰刀。铰刀可以加工圆柱形孔，锥度铰刀可以加工锥度孔。

（3）镗刀。镗刀适合于各类型孔的加工。

（4）丝锥。丝锥适用于高效率螺纹丝孔的加工，可加工 M3~M12 的螺纹孔。对于更大的螺纹孔，螺纹铣刀是理想的选择，可加工 M5~M20 的螺纹孔。

（5）扩（锪）孔刀。扩孔钻主要是在原有孔的基础上扩大孔的直径，为下一步孔的加工奠定基础。锪孔钻在加工沉头孔上应用比较广泛。

（6）螺纹铣刀。用于公称直径较大的螺纹加工。

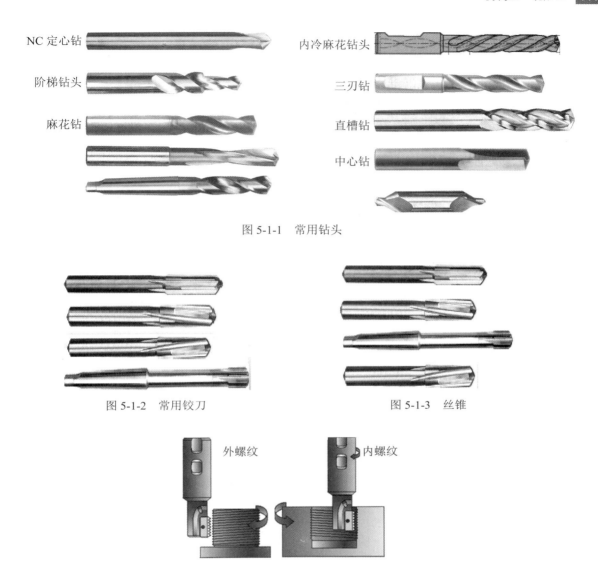

图 5-1-1 常用钻头

图 5-1-2 常用铰刀　　　　　图 5-1-3 丝锥

图 5-1-4 螺纹铣刀

2．孔加工刀具的选用

（1）数控机床孔加工一般无钻模，由于钻头的刚性和切削条件差，选用的钻头直径 D 应满足 L/D≤5（L 为钻孔深度）的条件。

（2）钻孔前先用中心钻定位，保证孔加工的定位精度。

（3）精铰孔可选用浮动铰刀，铰孔前孔口要倒角。

（4）镗孔时应尽量选用对称的多刃镗刀头进行切削，以平衡径向力，减少镗削振动。

（5）尽量选择较粗和较短的刀杆，以减少切削振动。

3．孔加工刀具的安装

数控铣床常用刀具，必须配备相应的刀具安装辅件才能将刀具装入相应刀柄当中。数控铣床的刀柄系统主要由三部分组成，即刀柄、拉钉和夹头（或中间模块）。数控铣床刀柄可分为整体式与模块式两类，图 5-1-5 所示为常用的镗孔刀刀柄。图 5-1-6 所示为钻铣常用刀具构成。

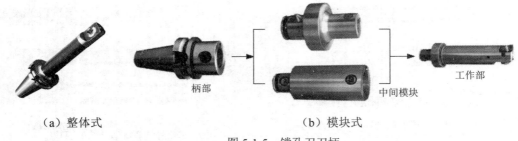

（a）整体式 （b）模块式

图 5-1-5 镗孔刀刀柄

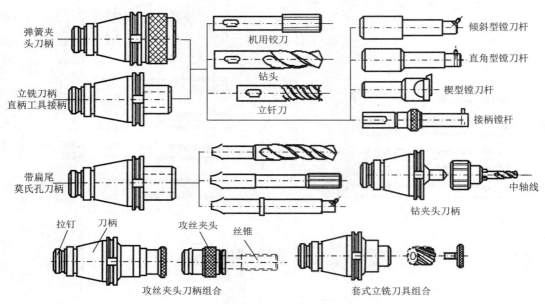

图 5-1-6 钻铣常用刀具构成

三、孔加工程序编制

1. 用插补指令完成孔加工

将钻头或丝锥快速定位到孔心位置，用直线插补命令 G01 来实现在 Z 方向的切削运动，完成光孔或螺纹孔加工。

2. 用固定循环指令完成孔加工

（1）固定循环指令功能概述。

1）固定循环基本动作。

孔加工固定循环指令有 G73、G74、G76、G80～G89，通常由下述 6 个动作构成：

动作 1——X 轴和 Y 轴定位（还可包括另以轴），使刀具快速定位到孔加工的位置。

动作 2——快进到 R 点：刀具自起始点快速进给到 R 点。

动作 3——孔加工：以切削进给的方式执行孔加工的动作（Z 点）。

动作 4——孔底动作：包括暂停、主轴准停、刀具移动等动作。

动作 5——返回到 R 点：继续加工其他孔时，安全移动刀具。

动作 6——返回起始点：孔加工完成后，一般应返回起始点。固定循环的数据表达形式可以用绝对坐标（G90）和相对坐标（G91）表示，如图 5-1-8 所示，其中图（a）是采用 G90 的表示，图（b）是采用 G91 的表示。

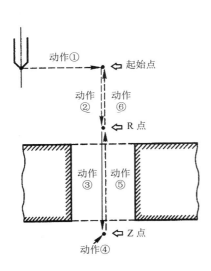

图 5-1-7   固定循环六个顺序动作   图 5-1-8   固定循环的数据形式

注意：①定位平面由平面选择代码 G17、G18 或 G19 决定；

②定位轴是钻孔轴以外的轴；

③钻孔轴根据 G 代码（G73～G89）程序段中指令的轴地址确定（基本轴）；

④如果没有对钻孔轴指定轴地址，则认为基本轴是钻孔轴。

2）固定循环的定义平面。

① 初始平面。初始平面是为了安全下刀而规定的一个平面。初始平面到零件表面的距离可以任意设定在一个安全的高度上，当使用同一把刀具加工若干孔时，只有孔间存在障碍需要跳跃或全部孔加工完了时，才使用 G98 功能使刀具返回到初始平面上的初始点。

② R 点平面。R 点平面又叫 R 参考平面，这个平面是刀具下刀时自快进转为工进的高度平面。距工件表面的距离主要考虑工件表面尺寸的变化，一般可取 2～5mm。使用 G99 时，刀具将返回到该平面上的 R 点。

③ 孔底平面。加工盲孔时，孔底平面就是孔底的 Z 轴高度，加工通孔时，一般刀具还要伸出工件底平面一段距离，主要是保证全部孔深都加工到尺寸，钻削加工时还应考虑钻头钻尖对孔深的影响。

（2）固定循环指令组的书写格式。

固定循环的程序格式包括数据形式、返回点平面、孔加工方式、孔位置数据、孔加工数据和循环次数。数据形式（G90 或 G91）在程序开始时就已指定，因此，在固定循环程序格式中可不注出。固定循环的程序格式如下：

G__G__X__Y__Z__R__Q__P__I__J__F__；

式中第一个 G 代码（G98 或者 G99）为返回点平面 G 代码，G98 为返回初始平面，G99 为返回 R 点平面，见图 5-1-9。

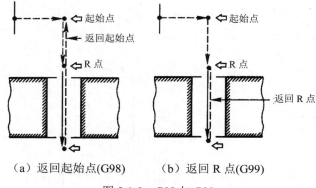

图 5-1-9　G98 与 G99

第二个 G 代码为孔加工方式，即固定循环代码 G73、G74、G76 和 G81～G89 中的任一个。

X、Y 为孔位数据，指被加工孔的位置。

Z 为 R 点到孔底的距离（G91 时）或孔底坐标（G90 时）。

R 为初始点到 R 点的距离（G91 时）或 R 点的坐标值（G90 时）。

Q 指定每次进给深度（G73 或 G83 时），是增量植，Q<0。

I、J 指定刀尖向反方向的移动量（分别在 X、Y 轴向上）。

P 指定刀具在孔底的暂停时间。

F 为切削进给速度。

说明：① G73～G89 是模态指令，固定循环中的参数（Z、R、Q、P、F）是模态的。G80、G01～G03 指令之一可以取消固定循环。

②在固定循环中，定位速度由前面的指令速度决定。

③在使用固定循环指令前要使主轴启动。

④固定循环指令不能和后指令 M 代码同时出现在同一程序段。

⑤在固定循环中，刀具半径尺寸补偿无效，刀具长度补偿有效。

⑥当用 G80 取消固定循环后，那些在固定循环之前的插补模态恢复。

⑦在固定循环程序段中，X, Y, Z, R 数据应至少指令一个才能进行孔加工。

⑧在使用控制主轴回转的固定循环（G74、G84、G86）中，如果连续加工一些孔间距比较小，或者初平面到 R 点平面的距离比较短的孔时，会出现在进入孔的切削动作前，主轴还没有达到正常转速的情况，遇到这种情况时，应在各孔的加工动作之间插入 G04 指令，以获得时间。

⑨当用 G00～G03 指令注销固定循环时，若 G00～G03 指令和固定循环出现在同一程序段，按后出现的指令运行。

（3）孔加工固定循环指令。

1）高速深孔钻循环指令 G73。

功能：用于 Z 轴的间歇进给深孔加工。使加工时容易排屑，减少退刀量，可以进行高效率的加工。

格式：G73 X__Y__Z__R__Q__F__；

说明：

①指令参数意义。

X＿Y 为孔位数据。

Z 为从 R 点到孔底距离。

R 为从初始位置面到 R 点距离。

Q 为每次切削进给深度（2～3mm）（增量值，取负）。

F 为切削进给速度。

②循环动作。

该固定循环用于 Z 轴的间歇进给，使深孔加工时容易排屑，减少退刀量，可以进行高效率的加工。Q 值为每次的进给深度，退刀用快速，其值 d 为每次的退刀量，在参数中设定，Q>d。G73 指令动作循环见图 5-1-10。指令 G98 则最终要快速返回起始点。

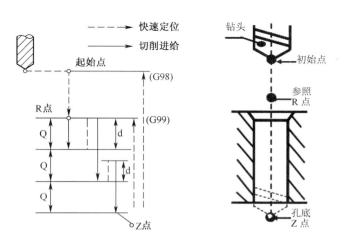

图 5-1-10　G73 指令动作循环

注意： 如果 Z、K、Q 移动量为零时，该指令不执行。

2）反攻丝循环指令 G74。

功能：攻左旋螺纹

格式：G74 X＿Y＿Z＿R＿F＿；

说明：①指令参数意义。

X＿Y 为孔位数据。

Z 为从 R 点到孔底距离。

R 为从初始位置面到 R 点距离。

F 为攻螺纹的进给速度（mm/min），v_f（mm/min）=螺纹导程 P（mm）×主轴转速 n（r/min）。

注意： 如果 Z 的移动量为零时。该指令不执行。

②循环动作。

攻反螺纹时，主轴反转，到孔底时主轴正转，然后退回，指令 G98 则要快速返回起始点。攻丝时速度倍率不起作用。使用进给保持时，在全部动作结束前也不停止。图 5-1-11 中给出了 G74 指令的循环动作次序。

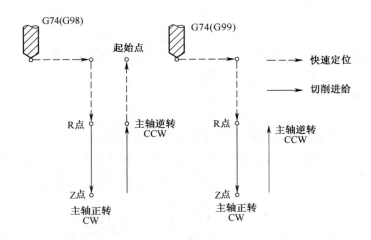

图 5-1-11　G74 指令动作循环

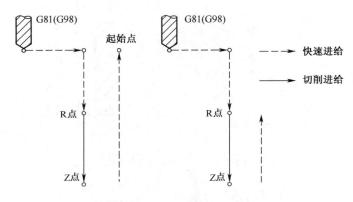

图 5-1-12　G81 指令动作循环

3）钻孔循环指令 G81。

功能：钻孔，钻中心孔（定点钻）。

格式：G81 X__Y__Z__R__F__；

说明：① 指令参数意义。

X__Y 为孔位数据。

Z 为从 R 点到孔底距离。

R 为从初始位置面到 R 点距离。

F 为切削进给速度。

②动作循环。

用中心钻或钻头加工定位孔和一般孔。沿着 X、Y 轴定位后快速移动到 R 点。切削进给执行到孔底，然后快速退回到 R 点，指令 G98 则要快速返回起始点。

4）停顿钻孔循环指令 G82。

功能：盲孔加工。

格式：G82 X__Y__Z__R__P__F__；

说明：①指令参数意义。

X__Y 为孔位数据。

Z 为从 R 点到孔底距离。

R 为从初始位置面到 R 点距离。

P 为孔底暂停时间（ms）。

F 为切削进给速度。

注意：如果 Z 的移动量为零，该指令不执行。

②动作循环。

沿着 X、Y 轴定位后快速移动到 R 点。切削进给执行到孔底，在孔底有暂停时间以提高孔深精度。然后快速退回到 R 点。指令 G 98 则要快速返回起始点。

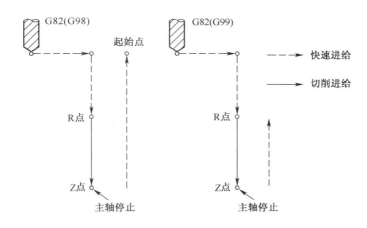

图 5-1-13　G82 指令动作循环

5）深孔加工循环指令 G83。

功能：深孔钻削。

格式：①G83X__Y__Z__R__Q__F__；

　　　　②G83X__Y__Z__R__Q__F__I__P__；

说明：①指令参数意义。

X__Y 为孔位数据。

Z 为从 R 点到孔底距离。

R 为从初始位置面到 R 点距离。

Q 为每次切削深度。

F 为切削进给速度。

I 为前进或后退的移动速度。

P 为孔底暂停时间（ms）。

②动作循环。

在图 5-1-14 所示的格式①为排屑钻孔循环，间歇切削进给到孔底部，钻孔过程中从孔中排屑。Q 表示每次切削进给的切削深度，必须用增量值指定，且必须指定正值。然后反回 R 点，指令 G98 则要快速返回起始点。在第二次和以后的切削进给中，先快速移动到上次钻孔结束之前的 d 点，再执行切削进给钻孔。

在图 5-1-15 示的格式②为小孔排屑钻孔循环，每次进刀量用地址 Q 给出，其值为增量值。

每次进给时，应在距已加工面 d（mm）处将快速进给转换为切削进给。d 是由参数确定的。钻孔期间有过载扭矩检测，发现过载时，有过载扭矩检测功能的刀杆退回刀具，在主轴速度、进给速度调整后，钻孔重新开始。

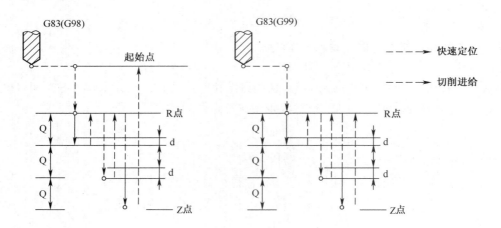

图 5-1-14　G83 指令动作循环①

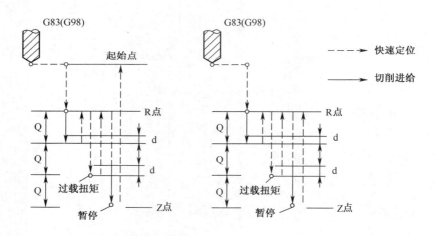

图 5-1-15　G83 指令动作循环②

分步动作：

①沿着 X、Y 轴定位。

②沿 Z 轴定位到 R 点。

③沿 Z 轴钻孔（第一次钻孔，切削深度 Q，增量值；后退 d 值，再到 R 点；快进，由 R 点到孔底+d 处；钻孔，第二次或以后的钻孔切深为 Q+d，增量值）。

④暂停。

⑤沿 Z 轴返回到 R 点或初始平面，指令 G98 则要快速返回起始点，循环结束。

特点：退刀量较大、更便于排屑、方便加冷却液。

6）攻丝循环指令 G84。

功能：攻正螺纹。

格式：G84 X__Y__Z__R__P__F__；

说明：①指令参数意义。

X__Y：螺纹孔的位置。

Z：绝对编程时孔底 Z 点的坐标值；增量编程时孔底 Z 点相对与参照 R 点的增量值。

R：绝对编程时参照 R 点的坐标值；增量编程时参照 R 点相对与初始 B 点的增量值。应选距工件表面 8～7mm 地方。

P：为孔底停顿时间。

F：螺纹导程。

注意：如果 Z 的移动量为零，该指令不执行。

②动作循环。

图 5-1-16 为攻丝的动作图。从 R 点到 Z 点攻丝时，刀具正向进给，主轴正转。到孔底部时，主轴反转，刀具以反向进给速度退出（进给速度 F=转速（r/min）×螺距（mm），R 应选在距工件表面 7mm 以上的地方）。指令 G98 则要快速返回起始点。G84 指令中进给倍率不起作用，进给保持只能在返回动作结束后执行。使用进给保持时，在全部动作结束前也不停止。

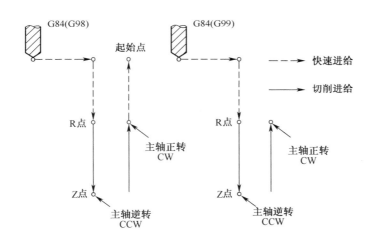

图 5-1-16　G84 指令动作循环

7）螺纹切削指令 G33。

格式：G33 X__Z__F__Q__；

螺纹导程用 F 直接指定，Q 指令螺纹切削的开始角度（0～360°）。对锥螺纹，其斜角 a<45°时，螺纹导程以 Z 轴方向的值指令；斜角为 45°～90°时，以 X 轴方向的值指令。对如图 5-1-17 所示圆柱螺纹进行切削时，X 指令省略，其格式为：G33 Z__F__Q__。

和螺纹车削加工一样，螺纹切削应注意在两端设置足够的升速进刀段和降速退刀段。切削到孔底时，应使用 M19 主轴准停指令，让主轴停在固定的方位上；然后刀具沿螺孔径向稍作移动，避开切削面轴向退刀；之后，再启动主轴，作第二次切削。

多头螺纹可用 Q 指令变换螺纹切削开始角度来切削。

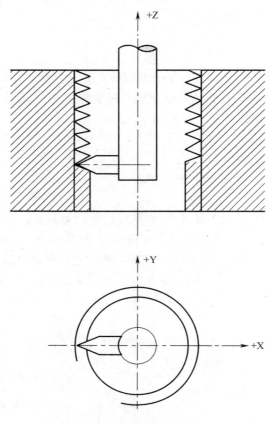

图 5-1-17　螺纹切削

 **任务实施**

一、工艺准备

1. 毛坯：50mm×50mm×30mm。

2. 加工设备选择。

1）机床：数控铣床。

2）刀具：$\phi 6$ 中心钻、8 钻头。

3）量具：300mm 钢板尺、0～150mm 游标卡尺、0～25mm 千分尺。

4）夹具：平口虎钳。

3. 制定工艺。

1）中心钻定位。

2）钻头钻孔。

二、程序清单

O0001

　　N10　　G90 G54 G00 X0 Y0;

　　N11　　M03 S1500;

```
N12     M08;
N13     Z100;
N14     Z-5;
N15     G98G82Z-12.5F60R-5;     固定循环指令进行孔加工
N16     G80Z100;
N17     M05;
N18     M09;
O0002
N21     G90G54X0Y0;
N22     M03S1200;
N23     M08;
N24     G00Z100;
N25     G98G83Z-18R-5Q3F60;     固定循环指令进行孔加工
N26     G90G80Z100;
N27     M09;
N28     M05;
N29     M30;
```

三、工件加工

（1）开机，各坐标轴手动回机床原点，预热。

（2）刀具安装。

根据加工要求将选择的钻头用弹簧夹头刀柄装夹后，将其装上主轴，如图 5-1-18 和图 5-1-19 所示。

图 5-1-18　带扁尾莫氏锥度刀柄夹紧钻头的安装顺序

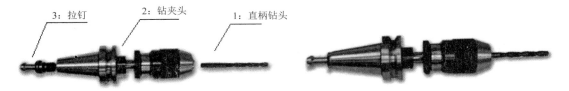

图 5-1-19　用钻夹头夹紧钻头的安装顺序

（3）清洁工作台，安装夹具和工件。

将平口虎钳清理干净并放在干净的工作台上，通过百分表找正、找平虎钳，再将工件装正在虎钳上。

（4）对刀设定工件坐标系。

1）用寻边器对刀，确定 X、Y 向的零偏值，并将其输入到工件坐标系 G54 中；

2）将加工所用刀具装上主轴，再将 Z 轴设定器安放在工件的上表面上，确定 Z 向的零偏值，并将其输入到工件坐标系 G54 中。

（5）设置刀具补偿值。

（6）输入加工程序。

（7）调试加工程序。

把工件坐标系的 Z 值沿+Z 向平移 100mm，按下【数控启动】键，适当降低进给速度，检查刀具运动是否正确。

（8）自动加工。

将工件坐标系的 Z 值恢复原值，将进给倍率开关调到低档，按下【数控启动】键运行程序，开始加工。机床加工时，适当调整主轴转速和进给速度，并注意监控加工状态，保证加工正常。

（9）取下工件，用游标卡尺进行尺寸检测。

（10）清理加工现场。

▣ 操作提示

根据孔的加工质量需求，合理选用刀具、固定循环指令以及切削参数。

（1）刀具使用前要进行检查。例如：选择加工图 5-1-1 常用钻头时，首先要观察钻头是不是直的，方法是将钻头平放在平板上，用手滚动钻头，至少滚动一圈，滚动的同时用眼对着光观察钻头与平板接触处透光是否均匀一致，如果透光均匀，则钻头是直的，否则钻头就是弯的。其次要观察钻头的两个主切削刃是否对称一致，方法是将钻头举起对着光，观察两条主切削刃是否等长，两主切削刃与棱边交接点是否等高，不相等则要进行修磨，使得两主切削刃基本对称，以保证钻出的孔直径不会产生扩张量。在钻头满足要求的情况下，要得到质量合格的孔，还要保证孔的轴线不能歪斜，可通过控制钻头与工件接触时的进给量来实现，尽量减小进给量，否则会因为钻头刚性定心差而出现加工出的孔轴线歪斜，钻出的孔直径大于钻头直径，造成孔超差。数控加工深孔时还要注意使用深孔钻削循环指令，经常退出钻头排屑，以防止切屑堵塞在钻头的容屑槽里，卡死钻头，将钻头扭断。

（2）钻孔前先用中心钻定位，保证孔加工的定位精度。

（3）攻丝、铰孔时，应选用浮动夹头刀柄，攻丝、铰孔前，孔口要倒角。在铰孔时还应保证装在刀柄上的铰刀不偏心且牢靠；装到主轴上的铰刀各个圆周刃尺寸一致。其方法是：将刀具系统装牢在主轴上，将百分表表杆吸在立柱上，百分表表头与铰刀刃接触，转动主轴，观察铰刀每个刃在百分表上反映的刻度线位置，依此判断铰刀圆周刃是否有误差。如有误差，要对铰刀刃误差最大者进行多次修磨校正。在上述条件满足的前提下，数控铰孔可用 G01 指令。铰孔时切削用量的选择要恰当，粗铰余量一般为 0.15～0.5mm，精铰则为 0.05～0.20mm，且铰孔过程应冷。由于铰孔只能保证孔尺寸精度，而不能校正原有孔轴线的偏斜及孔与其他相关表面的位置误差，所以铰孔前的扩孔是必要的工序。

考核评价

序号	评价项目	评价标准	评分
1	铣刀装夹	将弹簧夹套正确地装入刀柄，然后将直柄立铣刀装入，装夹长度要合适	5
2	虎钳找正	找正后虎钳钳口平行度误差不大于 0.03mm	5

序号	评价项目	评价标准	评分
3	工件装夹	选择合适的垫铁，工件加工面超出钳口高度适中，检查工件装夹基准面是否与垫铁和钳口贴实无间隙	5
4	工件找中	用寻边器以工件四边为基准找正工件中心，对中误差 0.02mm（主轴转速最高不超过 500n/min）	10
5	对刀	使用高度对刀仪标定所使用立铣刀的刀具长度值，正确计算零刀具与其他刀的长度差并输入机床，与实际值误差不超过 0.04mm	10
6	模拟仿真加工	输入程序后，在机床上进行模拟仿真加工，检查 XY 平面：轮廓轨迹 XZ 平面：检查铣削深度	5
7	切削用量选择	切削用量选择合理	5
8	编程	加工程序编制合理：空刀轨迹少，程序精炼，没有编程错误（一个错误语句扣 1 分）	10
9	孔径与孔位	超差 0.01 扣 1 分	10
10	孔径测量	正确使用量具，准确测值，方法错误扣 5 分，在允许范围内，测量误差超差 0.01 扣 1 分	15
11	粗糙度	孔壁粗糙度不大于 Ra12.6	10
12	安全操作	按实习要求着装，操作符合安全规范	5
13	结束工作	按操作规范清理复位机床，按规定归放刀具及工夹量具	5

 思考与练习

1. 孔加工刀具的类型与选择。
2. 钻孔固定循环的加工方法与参数选择。
3. 固定循环的使用条件。

任务2　大直径孔加工

 任务引入

加工如图 5-1-20 所示内螺纹，毛坯初孔：$\phi39$ 毛坯：110×110×18mm 铝块，底孔（小径）：$\phi40.376$。

 任务分析

主要任务为螺纹孔加工，因为底孔孔径为 40.376，所以可采用铣孔或镗孔以及铣削螺纹。

 相关知识

一、铣削加工孔

孔是箱体零件上常见的加工表面。小直径孔的加工方法主要是钻、扩、铰。当孔径大于刀径时，还可以用铣、镗孔等方法完成。

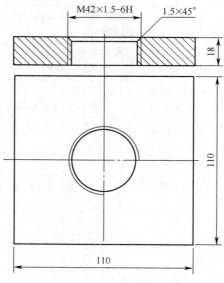

图 5-1-20　单孔加工零件图

1. 铣削螺纹孔

具有三轴联动功能的数控铣床，圆弧插补可以产生螺旋插补功能。即在选择的平面内，一边做圆弧插补，一边做第三轴的直线插补，完成螺纹铣削加工。这种方法比传统的丝锥加工效率要高很多。

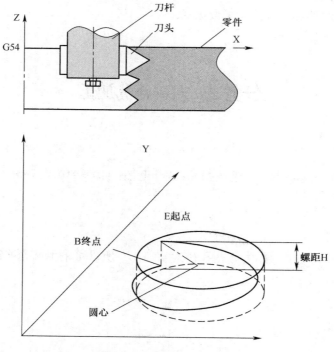

图 5-1-21　螺旋插补铣螺纹

螺旋插补指令格式为：　G02/G03 X_Y_Z_I_J_K_F_；

其中，G02/G03：分别为顺时针和逆时针螺旋线，也称右螺旋线和左螺旋线。

X_Y_Z：为螺旋线终点坐标。

I_J：圆心在 X、Y 轴上的坐标，是相对螺旋线起点的增量坐标、圆心坐标。

R：螺旋线半径，与 I、J 形式两者取其一。

K：螺旋线的导程，为正值。

2．铣削加工孔

将刀具换为立铣刀，将 K 值取小，利用螺旋插补功能，使铣刀的刀位点以螺旋线轨迹进给，以自身旋转提供铣削动力，即可完成孔的铣削加工。还可另选一把立铣刀，再对圆孔内轮廓铣削，可进一步提高加工精度。

二、固定循环指令镗孔

1．精镗循环指令 G76

功能：镗削精密孔。

指令格式：G76 X__Y_Z__R_Q_P_F_；

说明：①指令参数意义。

X__Y 为孔位数据。

Z 为从 R 点到孔底距离。

R 为从初始位置面到 R 点距离。

Q 为刀具在孔底偏移量（正值、非小数、1.0mm）。

P 为孔底暂停时间（ms）。

F 为切削进给速度。

注意：如果 Z、Q、K 移动量为零，该指令不执行。

②循环动作：精镗时，主轴在孔底定向停止后，向刀尖反方向移动，然后快速退刀，退刀位置由 G98 或 G99 决定。这种带有让刀的退刀不会划伤已加工平面，保证了镗孔精度。刀尖反向位移量用地址 Q 指定，其值只能为正值。Q 值是模态的，位移方向由 MDI 设定，可为 ±X 和 ±Y 中的任一个。图 5-1-22 给出了 G76 指令的动作循环次序。

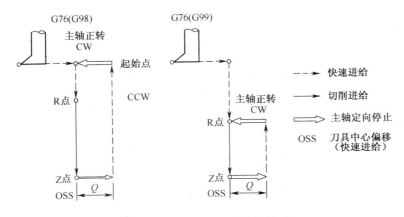

图 5-1-22　G76 指令动作循环

2. 镗孔循环指令 G85

功能：镗孔。用于光洁度与精度较高的孔（无刀痕）。

格式：

G85 X__Y__Z__R__F__；

说明：①指令参数意义。

X__Y 为孔位数据。

Z 为从 R 点到孔底距离。

R 为从初始位置面到 R 点距离。

F 为切削进给速度。

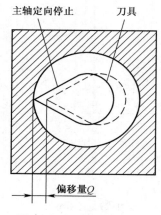

图 5-1-23　主轴定向停止

②动作循环。

沿着 X、Y 轴定位后快速移动到 R 点。从 R 点到 Z 点执行镗孔。到达孔底（Z 点），执行切削进给返回 R 点。指令 G98 则要快速返回起始点。

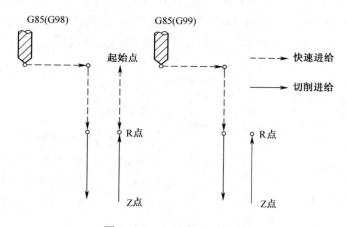

图 5-1-24　G85 指令动作循环

3. 镗孔循环指令 G86

功能：一般镗孔。用于光洁度不高的孔径（有刀痕）

格式同 G85。

不同之处是 G85 从 Z 点到 R 点为工进速度返回；G86 从 R 点到 Z 点后，主轴停止，再从 Z 点到 R 点为快速返回。

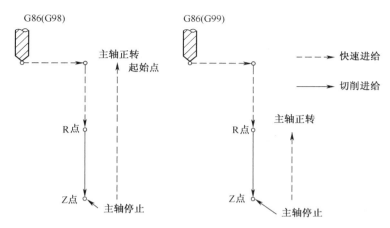

图 5-1-25 G86 指令动作循环

4. 背镗孔循环指令 G87

功能：精密镗孔

格式：G87X＿Y＿Z＿R＿Q＿P＿F＿；

说明：①指令参数意义。

X＿Y 为孔位数据。

Z 为从孔底到 Z 点的距离。

R 为从初始位置面到 R 点距离（孔底）。

P 为孔底停顿时间。

Q 为刀具偏移量。

F 为切削进给速度。

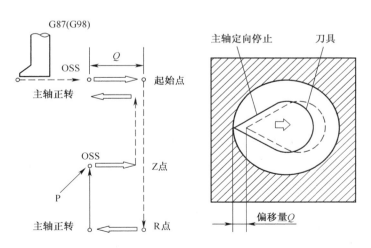

图 5-1-26 G87 指令动作循环

②动作循环。

沿着 X、Y 轴定位后，主轴在固定的旋转位置上停止，刀具在刀尖相反的方向移动，并在孔底（R 点）快速移动定位。然后刀具在刀尖方向上移动且主轴正转。沿 Z 轴的正向镗孔直到 Z 点。在 Z 点，主轴再次停在固定的旋转位置，刀具在刀尖相反的方向移动，然后刀具返回到初始位置。刀具在刀尖方向上偏移，主轴正转，执行下个程序段的加工。G87 不用 G99指令。

注意：Q（在孔底的偏移量）是在固定循环中保持的模态值。指定时须小心，因为它也是 G73 和 G83 的切削深度。Q 必须指定为正值。

5．镗孔循环指令 G88

功能：镗孔

格式：G88 X__Y__Z__R__P__F__；

说明：①指令参数意义。

X__Y 为孔位数据。

Z 为从 R 点到孔底的距离。

R 为从初始位置面到 R 点的距离。

P 为孔底停顿时间。

F 为切削进给速度。

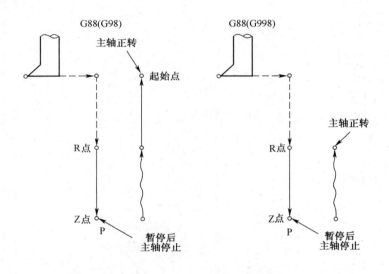

图 5-1-27   G88 指令动作循环

②动作循环。

沿着 X、Y 轴定位后快速移动到 R 点。从 R 点到 Z 点执行镗孔。镗孔完成，执行暂停。然后主轴停止，手动返回 R 点。在 R 点，主轴正转并快速返回初始平面。

6．镗孔循环指令 G89

功能：镗孔、阶梯孔

格式：G89 X__Y__Z__R__P__F__；

说明：①指令参数意义。

X__Y 为孔位坐标。

Z 为从 R 点到孔底的距离。

R 为从初始位置面到 R 点的距离。

P 为孔底停顿时间。

F 为切削进给速度。

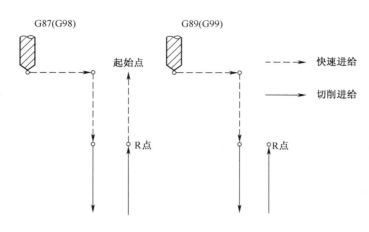

图 5-1-28　G89 指令动作循环

②动作循环

沿着 X、Y 轴定位后快速移动到 R 点。从 R 点到 Z 点执行镗孔。到达孔底（Z 点）后，暂停。执行切削进给返回 R 点。

应用固定循环时的注意问题：

（1）指定固定循环之前，必须用辅助功能 M03 使主轴正转，当使用了主轴停止转动指令 M05 之后，一定要重新使主轴旋转后，再指定固定循环。

（2）指定固定循环状态时，必须给出 X、Y、Z、R 中的每一个数据，固定循环才能执行。

（3）操作时，若利用复位或急停按钮使数控装置停止，固定循环加工和加工数据仍然存在，所以再次加工时，应该使固定循环剩余动作进行到结束。

 任务实施

一、工艺准备

1．毛坯：$110 \times 110 \times 18mm^3$ 铝板。

2．加工设备选择：

1）数控铣床。

2）量具：300mm 钢板尺、0～150mm 游标卡尺、0～25mm 千分尺。

3）刀具：

T1——单刃螺纹铣刀，回转半径 13.5mm。

T2——45°倒角刀。

T3——镗刀。

4）夹具：平口虎钳。

3．制定工艺：

1）倒 45°角——T2 号刀。

2）镗孔 $\phi 40.376$——T1 号刀。

3）铣螺纹——T3 号刀单刃螺纹铣刀，回转半径 13.5mm。

分三次加工：粗加工、半精加工、精加工。

单边加工余量：(42-40.376)/2=0.812。

第一次加工余量为 0.512，粗加工。

第二次加工余量为 0.20，半精加工。

第三次加工余量为 0.10，精加工。

二、程序清单

建立工件坐标系：坐标原点设置在工件上表面孔心处。

```
O0001
G00 G90 G54 Z100;
X0 Y0 M03 S300;
G98 G81 X0 Y0 Z-1.5 R5 F60;          倒45°角
G00 G80 Z100;
M09;
M05;
M30;
O0002
G90 G54 G00 X0Y0;
M03 S1500;
M08;
Z100;
Z-5;
G98 G85 Z-12.5F 60R-5;               固定循环指令进行孔加工
G80 Z100;
M05;
M09;
M30;
O0003;
G90 G54 G00 X0Y0;
M03 S1200;
M08;
Z100;
G00 Z2;
G01 Z-1.5 F60;
X20.7 F200;
G02 X20.7 Y0 Z-18 R20.7 K1.5   F400；    铣削螺纹（粗加工）
G00 X0;
Z-1.5;
G01 X20.9 F200;
G02 X20.9 Y0 Z-18 R20.9 K1.5 F400;      铣削螺纹（半精加工）
G00 X0;
Z-1.5;
G01 X21 F200;
G02 X21 Y0 Z-18 R21 K1.5 F400;          铣削螺纹（精加工）
G00 X0;
Z100;
M09;
M05;
```

M30;

三、工件加工

根据加工要求将选择的镗刀、螺纹铣刀等，依次用弹簧夹头刀柄装夹后将其装上主轴，如图 5-1-29 所示。

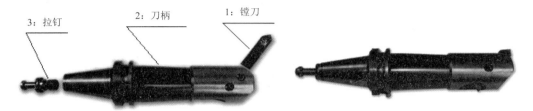

图 5-1-29　镗刀的安装顺序

按照加工步骤加工，此处不再赘述。

 操作提示

（1）镗孔时应尽量选用对称的多刃镗刀头进行切削，以平衡径向力，减少镗削振动。

（2）铣削螺纹孔时，应按照螺纹螺距要求合理选择刀具。

考核评价

评价标准：

序号	评价项目	评价标准	评分
1	铣刀装夹	将弹簧夹套正确地装入刀柄，然后将直柄立铣刀装入，装夹长度要合适	5
2	虎钳找正	找正后虎钳钳口平行度误差不大于 0.03mm	5
3	工件装夹	选择合适的垫铁，工件加工面超出钳口高度适中，检查工件装夹基准面是否与垫铁和钳口贴实无间隙	5
4	工件找中	用寻边器以工件四边为基准找正工件中心，对中误差 0.02mm（主轴转速最高不超过 500n/min）	10
5	对刀	使用高度对刀仪标定所使用立铣刀的刀具长度值，正确计算零刀具与其他刀的长度差并输入机床，与实际值误差不超过 0.04mm	10
6	模拟仿真加工	输入程序后，在机床上进行模拟仿真加工，检查 XY 平面：轮廓轨迹 XZ 平面：检查铣削深度	5
7	切削用量选择	切削用量选择合理	5
8	编程	加工程序编制合理：加工路线合理，空刀轨迹少，程序精炼，没有编程错误（一个错误语句扣 1 分）	10
9	螺纹孔与孔位	螺纹塞规检验不能满足扣 10 分	10
10	螺纹测量	正确使用量具，准确测值，方法错误扣 10 分	15
11	粗糙度	孔壁粗糙度不大于 Ra12.6	10
12	安全操作	按实习要求着装，操作符合安全规范	5
13	结束工作	按操作规范清理复位机床，按规定归放刀具及工夹量具	5

思考与练习

1．铣孔及铣螺纹的编程方法。

2．镗削固定循环的加工方法与参数选择。

3．固定循环的使用条件。

4．用一毛坯尺寸为 102mm×62mm×12mm 板料，加工成如图 5-1-30 所示尺寸的盖板零件。编写零件孔加工程序。

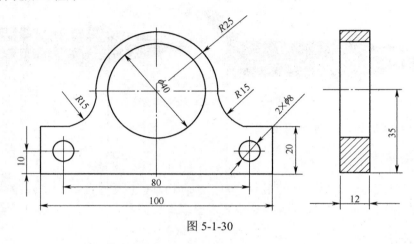

图 5-1-30

5．编写图 5-1-31 所示零件加工程序。

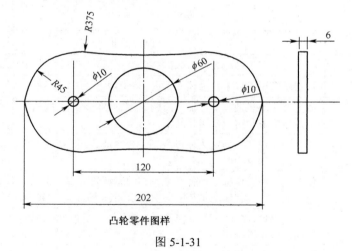

凸轮零件图样

图 5-1-31

课题二　孔系加工

学习目标

1．能够正确使用固定循环指令编制孔系加工程序；

2．能够正确使用极坐标指令编制孔系加工程序；

3. 能够制定合理的走刀路线。

 任务引入

加工如图 5-2-1 所示的零件，尺寸为 100mm×60mm×25mm，毛坯为经过预先铣削加工过的硬铝，只剩孔加工的零件。

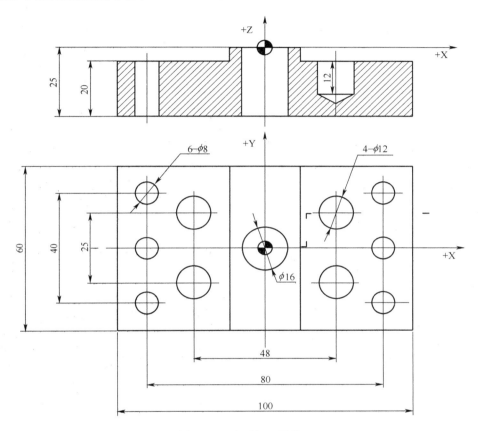

图 5-2-1 孔系加工零件

 任务分析

该零件大大小小共有 11 个孔，且有通孔和盲孔，形成对称分布孔系。孔径不大，精度要求不高，可以通过钻削完成。

 相关知识

在数控铣床上加工的零件表面经常会有若干个孔，形成孔系。根据孔的尺寸大小、精度要求，孔加工可以采用钻、扩、铰、铣、镗等不同方法完成。课题一中已经介绍，这里重点介绍两点：编程指令选择和走刀路线确定。

编程指令可根据孔的分布情况、加工要求等有不同的选择和使用。

1. 固定循环指令的重复使用

在固定循环指令最后，可用 K 地址指定重复次数。如果有孔距相同的若干相同孔，在增量方式（G91）下，采用重复次数来编程是很方便的。

例如：当指令为 G91 G81 X50.0 Z-20.0 R-10.0 K6 F200 时，其运动轨迹如图 5-2-2 所示。如果是在绝对值方式中，则不能钻出六个孔，仅仅在第一孔处往复钻六次，结果是一个孔。

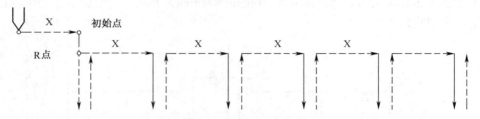

图 5-2-2   固定循环指令在等间距孔系中的重复使用

例：试采用重复固定循环方式加工图 5-2-3 所示各孔。刀具：T01 为 ϕ10mm 的钻头，长度补偿号为 H01。

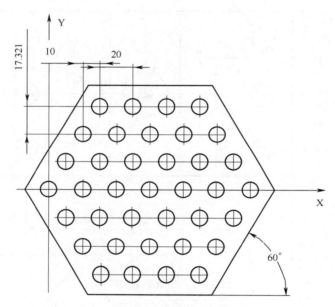

图 5-2-3   固定循环指令在等间距孔系零件加工

零件分析：共有 37 个孔，特点是孔径相同，间距相等。

程序如下：

手动装刀

O0010
N0010 G54 G17 G80 G90 G21;
N0020 M03 S800;
N0030 G00 Z20.0;
N0040 G00 X10.0 Y 1.963 M08;
N0050 G91 G81 G99 X20.0 Z-18.0 R-17.0 K4;
N0060 X10.0 Y-17.321;
N0070 X-20.0 K4;
N0080 X-10.0 Y-17.321;
N0090 X20.0 K5;
N0100 X10.0 Y-17.321;

N0110 X-20.0 K6;
N0120 X10.0 Y-17.321;
N0130 X20.0 K5;
N0140 X-20.0 K4;
N0160 X10.0 Y-17.321;
N0170 X20.0 K3;
N0180 G80 M09;
N0190 G90 G00　Z300.0;
N0200 G28 X0　　Y0　　M05;
N0210　M30;

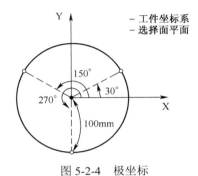

图 5-2-4　极坐标

2. 极坐标指令

G15：极坐标系指令取消。

G16：极坐标系指定。

极坐标轴的方位取决于 G17、G18、G19 指定的加工平面。

当用 G17 指定加工平面时，+X 轴为极轴，程序中的 X 坐标指令极半径，Y 坐标指令极角。

当用 G18 指定加工平面时，+Z 轴为极轴，程序中的 Z 坐标指令极半径，X 坐标指令极角。

当用 G19 指定加工平面时，+Y 轴为极轴，程序中的 Y 坐标指令极半径，Z 坐标指令极角。

例：加工图 5-2-5 所示孔系。

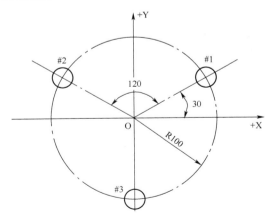

图 5-2-5　极坐标指令加工孔系示例

……

G17 G90 G16：极坐标指令编程，XY 加工平面。

G00 X100.0 Y30.0：移到孔#1 的上方，极半径为 100，极角为 30°，钻孔#1。

G00 X100.0 Y150.0：移到孔#2 的上方，极半径为 100，极角为 150°，钻孔#2。

G00 X100.0 Y270.0：移到孔#3 的上方，极半径为 100，极角为 270°，钻孔#3。

G15：取消极坐标编程方式。

3. 加工路线确定

（1）加工路线利于保证精度。

1）对于孔位置精度要求较高的零件，在精镗孔系时，镗孔路线一定要注意各孔的定位方向一致，即采用单向趋近定位点的方法，以避免传动系统反向间隙误差或测量系统的误差对定位精度的影响。例如图 5-2-6（a）所示的孔系加工路线，在加工孔Ⅳ时，x 方向的反向间隙将会影响Ⅲ、Ⅳ两孔的孔距精度；如果改为图 5-2-6-10（b）所示的加工路线，可使各孔的定位方向一致，从而提高了孔距精度。

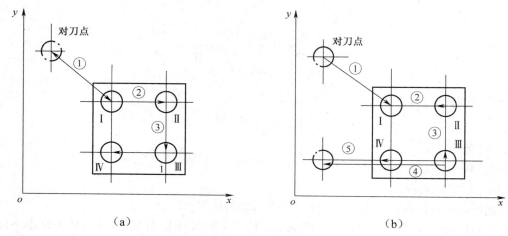

图 5-2-6 孔的位置精度处理

2）孔加工导入量与超越量。

孔加工导入量（图 5-2-7 中 ΔZ）是指在孔加工过程中，刀具自快进转为工进时，刀尖点位置与孔上表面间的距离。导入量通常取 2～5mm。超越量如图 5-2-7 中的 ΔZ′所示，当钻通孔时，超越量通常取 Z_p＋（1～3）mm，Z_p 为钻尖高度（通常取 0.3 倍钻头直径）；铰通孔时，超越量通常取 3～5 mm；镗通孔时，超越量通常取 1～3mm。

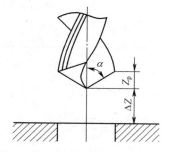

图 5-2-7 孔加工导入量与超越量

（2）应使走刀路线最短，减少刀具空行程时间，提高加工效率。

图 5-2-8 所示为正确选择钻孔加工路线的例子。通常先加工均布于同一圆周上的八个孔，再加工另一圆周上的孔，如图 5-2-8（a）所示。但是对点位控制的数控机床而言，要求定位精

度高, 定位过程尽可能快, 因此这类机床应按空程最短来安排走刀路线, 如图 5-2-8 (b) 所示, 以节省加工时间, 提高效率。

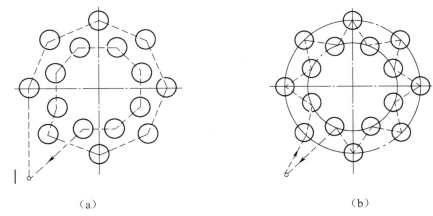

（a） （b）

图 5-2-8 最短加工路线选择

 任务实施

一、工艺准备

1. 毛坯: $100 \times 60 \times 25mm^3$ 铝板。

2. 加工设备选择:

1) 数控铣床 (FANUC 0i-MC)。

2) 量具: 0～125mm 游标卡、0～50mm 深度尺。

3) 刀具:

序号	加工面	刀具号	刀具规格		主轴转速 n/r.min-1	进给速度 V/mm.min-1
			类型	材料		
1	各孔底孔	T01	$\phi6$ 中心钻	高速钢	950	30
2	6-$\phi8$ 孔	T02	$\phi8$ 麻花钻	高速钢	500	50
3	4-$\phi12$ 盲孔	T03	$\phi12$ 麻花钻	高速钢	500	50
4	$\phi16$ 通孔	T04	$\phi16$ 麻花钻	高速钢	500	50

4) 夹具: 平口虎钳、螺栓、等高垫铁、百分表等。

3. 制定工艺:

1) 各个孔打底孔。

2) 钻 6-$\phi8$ 通孔。

3) 钻 4-$\phi12$ 盲孔。

4) 钻 $\phi16$ 通孔。

二、确定走刀路线

以路线最短为目标设计, 走刀路线如图 5-2-9 所示。

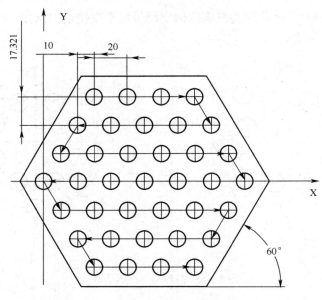

图 5-2-9　走刀路线

三、数控编程

建立工件坐标系，如图 5-2-1 所示。

为了简化程序，采用固定循环指令 G81。

固定循环中的初始平面为 Z=10，R 点平面定为 Z= 3mm 处。

　　　　　　　　　　　　　　　　　　　　手动装刀

O0001　　　　　　　　　　　　　　　　钻底孔

N10 G54 G49 G40 G80 G90 G94;

N20 G00 Z100 ;

N30 Z10 M03 S950;

N40 G81 G98 X0 Y0 Z-5 R3 F30;

N50 G81 G98 X-24 Y12.5 Z-10 R-2 F30;

N60 Y-12.5;

N70 X-40 Y–20;

N80 Y0;

N90 Y20;

N100 X24 Y12.5;

N110 Y-12.5;

N120 X40 Y–20;

N130 Y0;

N140 Y20;

N150 G80 G00 Z100;

N160 M05;

N170 M30;

　　　　　　　　　　　　　　　　　　　　手动换刀

O0002　　　　　　　　　　　　　　　　钻ϕ8 孔

N10 G54 G49 G69 G17 G40 G80 G90 G21 G94;

N20 G00 Z100;

N30 Z10 M03 S500;

N40 M08;

N50 G83 G98 X-40 Y20 Z-30 Q4 R-2 F50;

N60 Y0;

N70 Y-20;

N80 X40;

N90 Y0;

N100 Y20;

N110 G80 G00 100;

N120 M05 M09;

N130 M30;

O 0003　　　　　　　　　　　　　　手动换刀
　　　　　　　　　　　　　　　　　钻 ϕ12 孔

N10 G54 G49 G69 G17 G40 G80 G90 G21 G94;

N20 G00 Z100 ;

N30 Z10 M03 S500;

N40 M08;

N50 G83 G98 X-24 Y12.5 Z-15.46 Q4 R-2 F50;

N60 Y-12.5;

N70 X24;

N80 Y12.5;

N90 G80 G00 Z100;

N100 M05 M09;

N110 M30;

　　　　　　　　　　　　　　　　　手动换刀
　　　　　　　　　　　　　　　　　钻 ϕ16 孔

O 0004

N10 G54 G49 G69 G17 G40 G80 G90 G21 G94;

N20 G00 Z100 ;

N30 Z10 M03 S450;

N40 M08;

N50 G83 G98 X0 Y0 Z-30 Q4 R3 F40;

N60 G80 G00 Z200;

N70 M05 M09;

N80 G91 G28 Z0;

N90 M30;

四、工件加工

1．夹具、工件安装找正。

保证平口虎钳的固定钳口面平行于机床的 X 轴并垂直于工作台，使平口虎钳的底面平行于工作台面，即保证机床的主轴垂直于机床工作台刀具。

用百分表找正工件两侧面来进行安装定位。

2．刀具长度补偿量输入。

3．输入程序。

4．模拟显示。

5．试加工。

6．正式加工

刀具号码	刀具名称	刀长测定值	刀径测定值
T01	$\phi6$	70.45	6
T02	$\phi8$	83.32	8
T03	$\phi12$	92.36	12
T04	$\phi16$	103.45	16

 操作提示

（1）孔的加工路线一定要注意各孔的定位方向一致，即采用单向趋近定位的方法，避免传动系统反相间隙误差或测量系统的误差对定位精度的影响。例如：图 5-2-8 为最短加工路线选择，在保证精度的前提下提高生产率，应尽量做到工序集中、工艺路线最短、空行程和其他辅助时间最少。其中工序集中主要体现在工件装夹的次数，最好是一次定位加工多道工序，这样就可以减免产生孔间距的误差；由于有时对同一孔系的加工需要多把刀具，从而使机床工作台回转时间变长，即工序是按刀具来进行划分的，所以最好是用同一把刀具加工完成所有能完成的部位后，再使用下一把刀具；对于位置精度要求不高的孔系，可按加工路线最短的原则安排孔的加工顺序。对于位置精度要求较高的孔系，则应考虑反向间隙对孔系的影响，从而再选择合理的走刀路线。

（2）孔系加工的动作顺序非常典型，例如钻孔、镗孔的动作是由孔位平面定位、沿 Z 向快速运动到切削的起点、进给运动到指定深度、快速退回等组成。当一个零件上有很多个相同的孔时，则需要完成数个相同的顺序动作。使用基本指令来编写孔加工的程序将会十分麻烦，而使用孔加工固定循环功能指令来编程，只用一个程序段便可完成一个或两个以上孔的加工，可大大简化程序的编制，提高了编程效率，简化了程序。

（3）使用增量坐标（G91）指令时，要注意不单单对 XY 坐标值起作用，还要对孔的加工深度 Z 和 R 平面同时起作用。其中，K 代表打孔次数，但不包含当前位置。

考核评价

序号	评价项目	评价标准	评分
1	铣刀装夹	将弹簧夹套正确地装入刀柄，然后将直柄立铣刀装入，装夹长度要合适	5
2	虎钳找正	找正后虎钳钳口平行度误差不大于 0.03mm	5
3	工件装夹	选择合适的垫铁，工件加工面超出钳口高度适中，检查工件装夹基准面是否与垫铁和钳口贴实无间隙	5
4	工件找中	用寻边器以工件四边为基准找正工件中心，对中误差 0.02mm（主轴转速最高不超过 500n/min）	10
5	对刀	使用高度对刀仪标定所使用立铣刀的刀具长度值，正确计算零刀具与其他刀的长度差并输入机床，与实际值误差不超过 0.04mm	10
6	模拟仿真加工	输入程序后，在机床上进行模拟仿真加工，检查 XY 平面；轮廓轨迹 XZ 平面；检查铣削深度	5
7	切削用量选择	切削用量选择合理	5
8	编程	加工程序编制合理：指令选择合理，加工路线合理，空刀轨迹少，程序精炼，没有编程错误（一个错误语句扣 1 分）	10
9	孔位	检验不能满足扣 10 分	10

续表

序号	评价项目	评价标准	评分
10	孔系测量	正确使用量具，准确测值，方法错误扣 10 分	15
11	粗糙度	孔壁粗糙度不大于 Ra12.6	10
12	安全操作	按实习要求着装，操作符合安全规范	5
13	结束工作	按操作规范清理复位机床，按规定归放刀具及工夹量具	5

 思考与练习

编写图 5-2-10 所示零件的数控程序并加工。

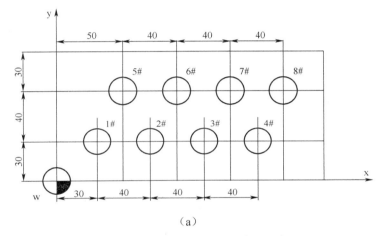

（a）

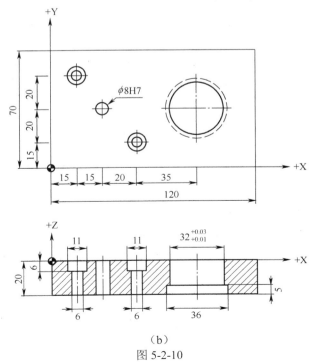

（b）

图 5-2-10

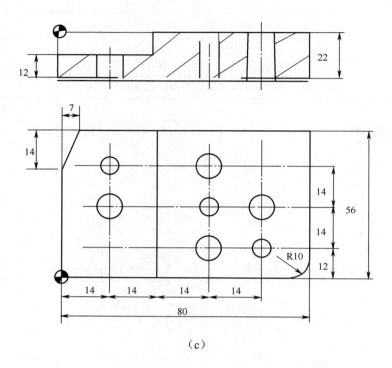

（c）

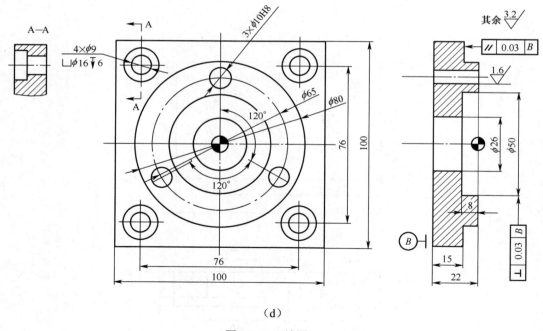

（d）

图 5-2-10（续图）

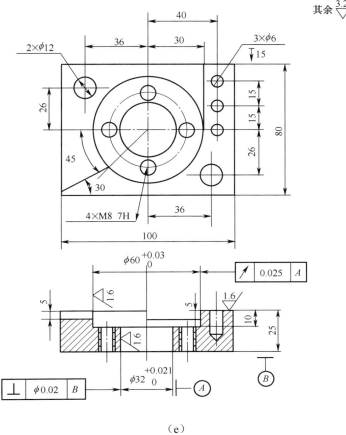

（e）

图 5-2-10（续图）

模块六　宏程序加工

学习目标

1. 学习和了解用户宏程序的编程思路、编程特点和程序结构；
2. 能熟练进行宏变量的定义、引用和赋值；能熟练掌握变量的运算和控制指令的使用技巧；
3. 能正确使用宏程序的调用方式和使用技巧简化数控加工程序；
4. 能运用宏程序编制中等难度的零件加工程序。

课题一　斜角铣削

 任务引入

毛坯尺寸为 $60 \times 60 \times 30 \ mm^3$，材料为铝，零件尺寸要求如图 6-1-1 所示。

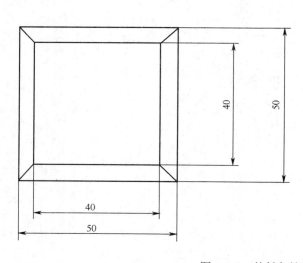

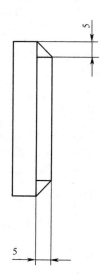

图 6-1-1　外斜角轮廓铣削

 任务分析

　　该零件为凸件，轮廓单一。因为有外斜角，所以为空间平面，在不同的高度（Z 值）下，XY 平面的尺寸随之变化。因此不能一次下刀到深度。Z 方向每次下刀量一定要小，才可保证一定的加工精度。选择在零件外面垂直下刀，这样在下刀的时候可以选择较大切削量，加快加工速度。因为要多次下刀铣削一个正方轮廓，所以采用宏程序编程。

 **相关知识**

一、宏程序的概念

宏程序是由用户编写的专用程序，它类似于子程序，可用规定的指令作为代号，以便调用。宏程序的代号称为宏指令。

在普通的手工编程中只能指定常量，常量之间不能运算，程序只能顺序执行，不能跳转，因此功能是固定的，不能变化。编制的程序只适合于一种固定尺寸的零件加工。而在用户宏程序本体中能使用变量，可以给变量赋值，变量间可以运算，程序可以跳转。使用时，先将用户宏主体像子程序一样存入到内存里，然后用子程序调用指令调用。在调用时参数赋值不同，同一个宏程序的功能就不同，这样可以使程序管理和运用更为简洁灵活。用户宏功能是用户提高数控机床性能的一种特殊功能，在类似工件的加工中巧用宏程序将起到事半功倍的效果。

宏程序指令适合抛物线、椭圆、双曲线等没有插补指令的曲线编程；适合图形相同，只是尺寸不同的系列零件的编程；适合工艺路径相同，只是位置参数不同的系列零件的编程。较大地简化编程；扩展应用范围。

二、用户宏程序

1. 变量

普通加工程序直接用数值指定 G 代码和移动距离，例如 G01 和 X100.0。使用宏程序时，数值可以直接指定或用变量指定。当用变量时，变量值可用程序或 MDI 面板上的操作进行改变。

例如：#1=#2+100 和 G01 X#1 F300。

（1）变量的表示。

变量用变量符号"#"和后面的变量号来指定。例如：#1。

变量号也可用表达式指定。此时，表达式必须封闭在括号中。例如：#[#1+#2-12]。

（2）变量的引用。

引用方式：地址字后面指定变量号或表达式。

格式：＜地址字＞#I、＜地址字＞-#I、＜地址字＞[＜表达式＞=。

例：F#103，设#103=150 则为 F150；

Z-#110，设#110=250 则为 Z-250；

#[#30]，设#30=3 则为#3；

X[#24+#18*COS[#1]]。

说明：

1）变量不能使用地址 O 和 N，如 O#1；N#3 G01 X0.0 Y0.0。

2）变量号所对应的变量，对每个地址来说，都有具体数值范围。

例：#30=100 时，则 M#30 是不允许的。

局部变量和公共变量可以为零值或者以下范围中的值：$-10^{47} \sim -10^{-29}$ 或 $10^{-29} \sim 10^{47}$。

如果计算结果超出有效范围值，则系统报警 N0.111。

3）变量值定义。

在程序中定义时可省略小数点，例如#1=123，变量#1 的实际值是 123.000。MDI 键盘输入时必须输入小数点，小数点省略时为机床的最小单位。

变量值未定义时为空变量。变量#0 总是空变量，不能写，只能读，它不被赋任何值。

（3）变量的类型。

变量根据变量号分为四种类型，见表 6-1-1。

表 6-1-1　根据变量号所分的四种变量类型

变量名	变量类型	功能
#0	空变量	该变量总是空的，没有值能赋给该变量
#1-#33	局部变量	局部变量只能用在宏程序中存储数据，例如：运算结果。当断电时，局部变量被初始化为空。调用宏程序时，自变量对局部变量赋值
#100-#199 #500-#999	公共变量	公共变量在不同的宏程序中的意义相同。当断电时，变量#100-#199 初始化为空。变量#500-#999 的数据保存，即使断电也不丢失
#1000--	系统变量	系统变量用于读和写 CNC 运行时各种数据的变化，例如，刀具的当前位置和补偿值等

公共变量是在主程序和主程序调用的各用户宏程序内公用的变量。

系统变量定义为：有固定用途的变量，它的值决定系统的状态。系统变量包括刀具偏置变量、接口的输入/输出信号变量、位置信息变量等，如表 6-1-2 所示。

表 6-1-2　系统变量

变量号	类型	用途
#1000-#1133	接口信号	可以在可编程控制器（PMC）和用户宏程序之间交换的信号
#2001-#2400	刀具补偿量	可以用来读和写刀具补偿量
#3000	报警	当#3000 变量被赋值 0～99 时，NC 停止并产生报警
#3001，#3002，#3011，#3012	时间信息	能够用来读和写时间信息
#3003，#3004	自动操作控制	能改变自动操作控制状态
#3005	设置变量	该变量可作读和写的操作，把二进制转换成十进制表示，可控制镜像开/关，公制输入/英制输入，绝对值编程/增量值编程
#4001-#4002	模态信息	用来读取指定的直到当前程序有效的模态指令（C、B、D、F、H、M、S、T 代码等）
#5001-#5104	位置信息	能够读取位置信息（包括各轴程序段终点位置、各轴当前位置、刀具偏置值）

2. 算术运算和逻辑运算

（1）置换。

#I=#j

（2）算术运算。

加：#I=#j+#k；减：#I=#j-#k；乘：#I=#j*#k；除：#I=#j/#k。

（3）逻辑运算。

与：#I=#J AND #k；或：#I=#J OR #k；异：#I=#J XOR #k。

（4）函数。

正弦：#I=SIN[#j]；余弦：#I=COS[#j]；正切：#I=TAN[#j]；反正切：#I=ATAN[#j]。

平方根：#I=SQRT[#j]；绝对值：#I=ABS[#j]。

下取整：#I=FIX[#j]；上取整：#I=FUP[#j]。

四舍五入：#I=ROUND[#j]。

（5）运算的优先顺序：

1）函数；

2）乘除、逻辑与；

3）加减、逻辑或、逻辑异或。

可以用[ ]来改变顺序。

3. 转移与循环

在宏程序中，使用 GOTO 语句和 IF 语句可以改变程序的执行方向，转移和循环指令有以下 3 种。

（1）无条件的转移。

格式：GOTO n

n 为程序的顺序号（1～9999），如 GOTO 99，GOTO #10。

（2）条件转移。

格式：IF[<条件式>]GOTO n

条件式的运算符由两个字母组成，用于两个值的比较，运算符有：

EQ 表示=，NE 表示≠，GT 表示＞；

LT 表示＜，GE 表示≥，LE 表示≤。

（3）循环。

格式：WHILE [<条件式>] DO m；（m=1,2,3）…END m

说明：

1）当条件满足时，执行从 Do m 到 END m 之间的程序；否则，转到 END m 后的程序段。

2）省略 WHILE 语句只有 DO m…END m，则从 DO m 到 END m 之间形成死循环。

3）嵌套不能多于三级，不能交叉，转移不能进入循环体。

4. 用户宏指令

用户宏指令是调用用户宏程序的指令，可用以下方法调用宏程序：

（1）非模态调用（G65）。

在主程序中可以用 G65 调用宏程序。

指令格式如下：

G65 P L <自变量赋值>；

其中：P 指定宏程序号；L 为重复调用次数（1～9999）；自变量赋值是由地址和数值构成的，用以对宏程序中的局部变量赋值。

（2）模态调用（G66/G67）。

用 G66 指定模态调用，G67 取消模态调用。

指令格式如下：

G66 P L <自变量赋值>；

：

G67；

G66 和 G67 应成对使用。

5. 自变量赋值

（1）自变量赋值的两种类型。

宏程序的简单调用是指在主程序中，宏程序可以被单个程序段单次调用。

调用指令格式：G65 P(宏程序号) L(重复次数)(变量分配)

其中：G65 为宏程序调用指令；

P(宏程序号)为被调用的宏程序代号；

L(重复次数)为宏程序重复运行的次数，重复次数为 1 时，可省略不写；

(变量分配)为宏程序中使用的变量赋值。

宏程序与子程序相同的一点是，一个宏程序可被另一个宏程序调用，最多可调用四重。

（2）宏程序的编写格式。

宏程序的编写格式与子程序相同。其格式为：

0～ （0001～8999 为宏程序号）

　　N10　指令

…

N～M99

上述宏程序内容中，除通常使用的编程指令外，还可使用变量、算术运算指令及其他控制指令。变量值在宏程序调用指令中赋给。

例如：

主程序：

O7002

…

G65 P7100 L2 A1.0 B2.0

…

M30

宏程序：

#3=#1+#2;

IF [#3 GT 360] GOTO 9;

G00 G91 X#3

N9 M99

（3）自变量赋值。

给宏程序中的局部变量传递数据自变量赋值有以下两种类型。

1）自变量 I。

除去 L、N、O、P 以外的其他字母都可以作为地址，大部分无顺序要求，但对 I、J 必须按字母顺序排列，对每使用的地址可省略。

例如

B__A__D__…I__K__…　　正确；

B__A__D__…J__I__…　　不正确；

2）自变量 II。

可以使用 A、B、C 每个字母一次，I、J、K 每个字母可使用十次作为地址。表 6-1-3 为两种类型自变量赋值的地址和变量号码之间的对应关系。自变量 I 使用除去 G、L、N、O、P 以外的其他字母作为地址，自变量 II 可以使用 A、B、C 每个字母一次，I、J、K 每个字母可使用十次作为地址。表 6-1-3 和 6-1-4 分别为两种类型自变量赋值的地址和变量号码之间的对应关系。

表 6-1-3　自变量赋值的地址和变量号码之间的对应关系

地址	宏程序中变量	地址	宏程序中变量
A	#1	Q	#17
B	#2	R	#18
C	#3	S	#19
D	#7	T	#20
E	#8	U	#21
F	#9	V	#22
H	#11	W	#23
I	#4	X	#24
J	#5	Y	#25
K	#6	Z	#26
M	#13		

说明：①地址 G、L、N、O、P 不能在自变量中使用；
　　　②没有指定的自变量，其对应的局部变量为空；
　　　③自变量指定不需按顺序，但 I、J 和 K 需要按字母顺序指定。

表 6-1-4　自变量 II 的地址与变量号码之间的对应关系

地址	宏程序中变量	地址	宏程序中变量
A	#1	K5	#18
B	#2	I6	#19
C	#3	J6	#20
I1	#4	K6	#21
J1	#5	I7	#22
K1	#6	J7	#23
I2	#7	K7	#24
J2	#8	I8	#25
K2	#9	J8	#26
I3	#10	K8	#27
J3	#11	I9	#28
K3	#12	J9	#29
I4	#13	K9	#30
J4	#14	I10	#31
K4	#15	J10	#32
I5	#16	K10	#33
J5	#17		

上表中的 I、J、K 的下标只表示顺序，并不写在实际命令中。在 G65 的程序段中，可以

同时使用表 6-1-3 及表 6-1-4 中的两组自变量赋予值。系统可以根据使用的字母自动判断自变量赋值的类型。

例：G65 P1000 A1.0 B2.0 I3.0

此为宏程序的简单调用格式，其含义为：调用宏程序号为 1000 的宏程序运行一次，并为宏程序中的变量赋值，其中 #1 为 1.0，#2 为 2.0，#4 为 3.0。

（4）自变量指定Ⅰ、Ⅱ的混合使用。

CNC 内部自动识别自变量指定Ⅰ和自变量指定Ⅱ，如果自变量指定Ⅰ和自变量指定Ⅱ混合指定，后指定的自变量类型有效。

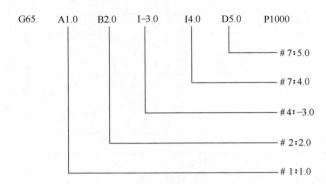

本例中，对变量#7，有Ⅰ4.0 及 D5.0 这两个引数赋值时，只有后边的 D5.0 才是有效的。

（5）宏程序语句与 NC 语句。

用户宏程序本体的编写格式与子程序的格式相同。在用户宏程序本体中，可以使用宏程序语句或普通的 NC 语句。宏程序语句为包含算术或逻辑运算的程序段；包含控制语句（例如 GOTO、DO、END）的程序段；包含宏程序调用指令（例如，用 G65、G66、G67 或其他 G 代码、M 代码调用宏程序）的程序段。除宏程序语句外的任何程序段都为 NC 语句。

三、斜角平面铣削宏程序的应用

在实际生产中常常有各式各样带斜面型腔零件，此类零件结构相似，但品种多、数量少，斜面角度变化不定，按常规加工方法，往往采用成形刀加工。但零件品种多，所以成形刀需要量很大，定做一把成形铣刀要比普通铣刀费用高出 2～3 倍，为了降低加工成本减化管理程序，常采用宏程序加工来解决此类问题。

例：图 6-1-2 所示零件为凹件。轮廓单一，但为斜面，无论用立铣刀还是球刀，在不同的深度下，XY 平面的尺寸随之变化。要保证一定的加工精度，每次 Z 向下刀量一定要小。普通编程会使编程语句繁多，使用宏程序则很方便 。在执行宏程序前，内轮廓加工时已给后面的宏程序加工留量，所以在加工宏程序时可以只对内斜角加工。

```
#1                    0              斜角起始长度
O0052
G90G54G0X0Y0;                        原点快速定位
M3S3000;                             主轴转速
Z100
Z5
#1=0                                 定义斜角开始长度 0 毫米
N1#2=#1                              定义深度变量#2
```

#3=25-#1	定义 XY 方向变量#3
G1Z-#2F30	Z 方向进给
G41D1X#3F1000	X 方向加左刀补
Y-#3	Y 负方向铣削
X-#3	X 负方向铣削
Y#3	Y 正方向铣削
X#3	X 正方向铣削
Y0	
G1G40X50	取消刀具半径补偿
#1=#1+0.1	每次循环变量递增赋值 0.1
IF[#1LE5]GOTO1	#1 值小于 5 时跳到 N1 循环
G0Z100	抬刀
M5	
M30	程序结束

编制宏程序的关键是找出数学表达式和条件表达式。

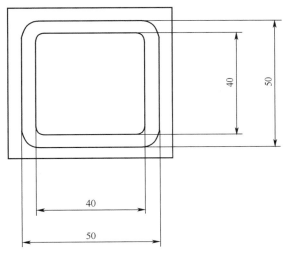 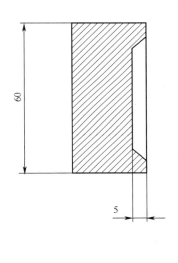

图 6-1-2　内斜角型腔零件

 任务实施

一、加工准备

毛坯：50×50×30 mm³ 铝。

设备：数控铣（FANUC0i）。

刀具：立铣刀。

量具：300mm 钢板尺、0～150mm 游标卡尺、R 规。

二、工艺分析

毛坯为 50×50×30 方料，有足够的装夹量。所以应该先对上表面加工，然后直接对外斜角加工。这两道工序可以在一次装夹中完成，可以避免因为装夹引起的误差。

三、程序编制

#1	0	斜角起始长度
O0052		
G90G54G0X50Y0		原点快速定位
M3S3000		主轴转速
Z100		
Z5		
#1=0		定义斜角开始长度 0 毫米
N1#2=#1		定义深度变量#2
#3=25-#1		定义 XY 方向变量#3
G1Z#2F30		Z 方向进给
G41D1X#3F1000		X 方向加左刀补
Y-#3		Y 负方向铣削
X-#3		X 负方向铣削
Y#3		Y 正方向铣削
X#3		X 正方向铣削
Y0		
G1G40X50		取消刀具半径补偿
#1=#1+0.1		每次循环变量递增赋值 0.1
IF[#1LE5]GOTO1		#1 值小于 5 时跳到 N1 循环
G0Z100		抬刀
M5		
M30		程序结束

四、加工操作

1. 开机；回参考点；安装刀具和工件。
2. 手动方式试切削，对刀。
3. 输入程序；单步运行无误的情况下选择连续加工。
4. 加工完毕后对零件进行检测，直到符合图纸要求，卸工件。

📽 操作提示

（1）斜角加工一般采取由下至上逐层爬升，顺铣方式单向走刀。

（2）进退刀点应选在图形的几何延长线上，避免出现接刀痕。

（3）正确理解 XYZ 之间的关系，并运用参数计算出相应的值。

（4）宏程序语句中，IF 和 GOTO、DO 和 END 两对要成对使用，并且后面的数值也要相对应。例如：P151 程序 O0052 中的 N1 和 GOTO1。如果 IF 和 GOTO、DO 和 END 分别分开使用，则会出现无限循环现象。

（5）在使用 EQ 或 NE 的条件表达式中，值为空和零时将会有不同的效果。而在其他的条件表达式中，空即被当作零。

考核评价

序号	评价项目	评价标准	评分
1	铣刀装夹	将弹簧夹套正确地装入刀柄，然后将直柄立铣刀装入，装夹长度要合适	5
2	虎钳找正	找正后虎钳钳口平行度误差不大于 0.03mm	5
3	工件装夹	选择合适的垫铁，工件加工面超出钳口高度适中，检查工件装夹基准面是否与垫铁和钳口贴实无间隙	5
4	工件找中	用寻边器以工件四边为基准找正工件中心，对中误差 0.02mm（主轴转速最高不超过 500n/min）	10
5	对刀	使用高度对刀仪标定所使用立铣刀的刀具长度值，正确计算零刀具与其他刀的长度差并输入机床，与实际值误差不超过 0.04mm	10
6	模拟仿真加工	输入程序后，在机床上进行模拟仿真加工，检查 XY 平面：轮廓轨迹 XZ 平面：检查铣削深度	5
7	切削用量选择	切削用量选择合理	5
8	编程	加工程序编制合理：空刀轨迹少，程序精炼，没有编程错误（一个错误语句扣 1 分）	10
9	斜角平面加工	超差 0.01 扣 1 分	10
10	测量	正确使用量具，准确测值，方法错误扣 5 分，在允许范围内，测量误差超差 0.01 扣 1 分	15
11	粗糙度	粗糙度不大于图纸要求	10
12	安全操作	按实习要求着装，操作符合安全规范	5
13	结束工作	按操作规范清理复位机床，按规定归放刀具及工夹量具	5

思考与练习

加工图 6-1-3 所示零件：40×40 的方台，周边倒角 R2。

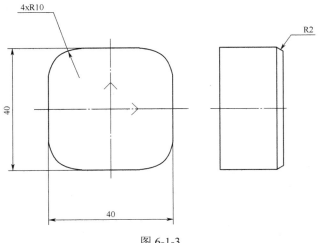

图 6-1-3

课题二 参数线轮廓铣削

学习目标

1. 能熟练运用宏程序进行参数线轮廓铣削程序编制；
2. 能熟练运用宏程序使数控加工程序简化。

 任务引入

毛坯尺寸为 $40 \times 40 \times 20mm^3$，材料为铝，零件尺寸及要求如图 6-2-1 所示。

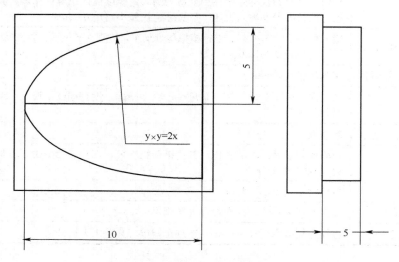

图 6-2-1 抛物线轮廓铣削零件

 任务分析

零件为轮廓铣削。轮廓曲线为抛物线，是非圆曲线。数控铣床没有抛物线插补功能，可用宏程序实现。

 相关知识

在数控编程加工中，遇到由非圆弧曲线组成的工件轮廓或三维曲面轮廓时，可以用宏程序来完成。

一、编程思想

在数控编程的指令系统中，直线插补和圆弧插补指令用于完成工件的实际切削，当工件的切削轮廓是非圆弧曲线时，就不能直接用圆弧插补指令来编程，这时可以设想将这一段非圆弧曲线轮廓分成若干段微小的线段，在这每一段微小的线段上作直线或圆弧插补来近似表示这一段非圆弧曲线，如果分成的线段足够小，则这个近似的曲线就完全能满足需要加工的曲线轮廓的精度要求。

二、抛物线宏程序编制

用宏程序编制如图 6-2-2 所示抛物线 Z=X2/8 在区间[0,16]内的程序。

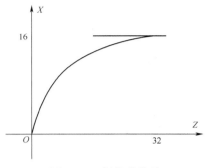

图 6-2-2　抛物线轨迹

```
O8002
#10=0;                              X 坐标
#11=0;                              Z 坐标
N10 G92 X0.0 Z0.0
M03 S600
WHILE    #10 LE 16
G90 G01 X[#10] Z[#11] F500
#10=#10+0.08
#11=#10*#10/8
ENDW
G00 Z0 M05
G00 X0
```

三、椭圆轮廓宏程序的编程

实际应用中，经常会遇到各种各样的椭圆形加工特征。在如今的数控系统中，无论是硬件数控系统还是软件数控系统，其插补的基本原理是相同的，只是实现插补运算的方法有所区别。常见的是直线插补和圆弧插补，没有椭圆插补，手工常规编程无法编制出椭圆加工程序，常需要用电脑逐一编程，但这有时受设备和条件的限制。这时可以采用拟合计算，用宏程序方式手工编程即可实现，简捷高效，并且不受条件的限制。加工如图 6-2-3 所示的椭圆形的半球曲面，利用椭圆的参数方程和圆的参数方程来编写宏程序。

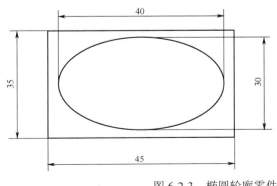
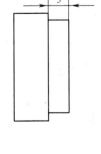

图 6-2-3　椭圆轮廓零件

平刀半径 5 毫米
转速 3000 转/分
进给 2000 毫米/分
参数设定说明：

#1	20	长半轴的长度
#2	15	短半轴的长度
#3	0	加工开始角度
#4	360	加工终止角度

加工程序：

```
0053
G90G54G0X50Y0;              原点快速定位
M3S2000;                    主轴转速
G43H01Z100;
Z5;
G1Z-3F100;                  Z 方向进给
#1=20;                      定义长半轴的长度 20
#2=15;                      定义短半轴的长度 15
#3=0;                       定义加工开始角度
#4=360;                     定义加工终止角度
N1#5=#1*COS[#3];            定义 X 方向点坐标
#6=#2*SIN[#3];              定义 Y 方向点坐标
G42D1X#5Y#6F200;            加工时加右刀补
#3=#3+1;                    给#3 赋值，每次递增 1 度
IF[#3LE#4]GOTO1;            #3 值小于 3600 时跳到 N1 循环
G40G1X50Y0;                 取消刀具半径补偿
G0Z100;
M5;
M30;                        程序结束
```

在上例中可看出，角度每次增加的大小和最后工件的加工表面质量有较大关系，即计数器的每次变化量与加工的表面质量和效率有直接关系。

切记在编制宏程序时，要牢记变量的种类及特性，不可乱用。因为局部变量、系统变量、公共变量的用途和性质各不相同，局部变量#1-#33 是在宏程序中局部使用的变量，公共变量#100- #149,#500- #531 是通过主程序及其调出的子程序通用的变量。公共变量的用途在系统中没有规定，用户可以自由使用。系统变量是在系统中用途固定的变量，如#2001～#2400 为刀具补偿量，#3001,#3002 为时钟等。

 任务实施

编程与加工的零件图 6-2-1 所示。

一、加工准备

毛坯：$40 \times 40 \times 20mm^3$，硬铝。
设备：数控铣（FANUC0i）。
刀具：立铣刀。
量具：300mm 钢板尺、0～150mm 游标卡尺、25～50mm 千分尺。

二、工艺分析

毛坯为 $40 \times 40 \times 20mm^3$ 方料，有足够的装夹量。所以应该先对上表面加工，然后直接对抛物线加工。这两道程序可以在一次装夹中完成，避免因为装夹等因素带来的误差。

三、程序清单

抛物线的加工，平刀半径 5 毫米，转速 3000 转/分，进给 2000 毫米/分。

参数设定说明：

#1	0	X 方向开始值
#2	10	X 方向终止值
#3	SQRT{2*#1}	Y 方向值

加工程序：

O2	
G90G54G0X50Y0	原点快速定位
M3S3000	主轴转速
Z100	刀具长度补偿
Z30	
M98P0001	调用子程序 O0001
G51.1Y0	X 轴镜像
M98P0001	调用宏程序 O0001
G50.1X0Y0	取消镜像
G0Z50	
M5	
M30	程序结束

宏程序：

O0001	
#1=0	定义 X 方向开始值
#2=10	定义 X 方向终止值
N10#3= SQRT{2*#1}	定义 Y 方向值
G41X#1Y#2D01F2000	加刀补
Z-5F30	Z 方向进给
#1=#1+0.1	给#1 赋值，每次递增 0.1
IF[#1LE#2]GOTO1	条件语句
G0 Z10	Z 方向抬刀
G40X30	
M99	

四、加工操作

1. 开机；回参考点；安装刀具和工件。
2. 手动方式试切削，对刀。
3. 输入程序；单步运行无误的情况下选择连续加工。
4. 加工完毕后对零件进行检测，直到符合图纸要求，卸工件。

操作提示

（1）参数线轮廓加工出来的椭圆（无论是内轮廓还是外轮廓）绝对不会是一个真正的椭圆，而是通过逼近拟合而成的椭圆。

（2）在加工椭圆、抛物线等轮廓宏程序编程时，利用该轮廓线的参数方程来编写宏程序。

（3）在安全平面上实现合理的起刀动作，并提前使刀具半径补偿 G41 生效。

考核评价

序号	评价项目	评价标准	评分
1	铣刀装夹	将弹簧夹套正确地装入刀柄，然后将直柄立铣刀装入，装夹长度要合适	5
2	虎钳找正	找正后虎钳钳口平行度误差不大于 0.03mm	5
3	工件装夹	选择合适的垫铁，工件加工面超出钳口高度适中，检查工件装夹基准面是否与垫铁和钳口贴实无间隙	5
4	工件找中	用寻边器以工件四边为基准找正工件中心，对中误差 0.02mm（主轴转速最高不超过 500n/min）	10
5	对刀	使用高度对刀仪标定所使用立铣刀的刀具长度值，正确计算零刀具与其他刀的长度差并输入机床，与实际值误差不超过 0.04mm	10
6	模拟仿真加工	输入程序后，在机床上进行模拟仿真加工，检查 XY 平面；轮廓轨迹 XZ 平面；检查铣削深度	5
7	切削用量选择	切削用量选择合理	5
8	编程	加工程序编制合理：空刀轨迹少，程序精炼，没有编程错误（一个错误语句扣 1 分）	10
9	非圆曲线轮廓加工	超差 0.01 扣 1 分	10
10	测量	正确使用量具，准确测值，方法错误扣 5 分，在允许范围内，测量误差超差 0.01 扣 1 分	15
11	粗糙度	粗糙度不大于图纸要求	10
12	安全操作	按实习要求着装，操作符合安全规范	5
13	结束工作	按操作规范清理复位机床，按规定归放刀具及工夹量具	5

 思考与练习

加工如图 6-2-4 所示椭圆的内腔轮廓。

$$\rho = ab\sqrt{\frac{1}{a^2\sin^2\theta + b^2\cos^2\theta}}$$

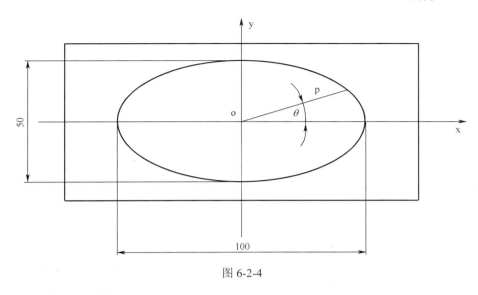

图 6-2-4

课题三 曲面加工

任务 1 半球槽（平刀）

学习目标

能正确使用宏程序进行曲面编程与加工。

 任务引入

在加工零件，毛坯尺寸为 $60×60×45mm^3$，材料为铝，零件尺寸及要求如图 6-3-1 所示。

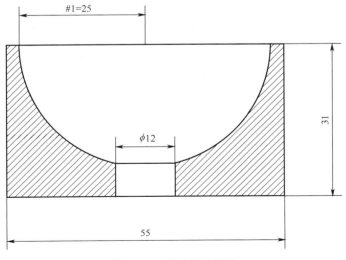

图 6-3-1 半球槽零件图

任务分析

该零件为内圆弧凹件。选择使用平刀时不能很好地加工出球面底部，所以在底部提前做一孔。这样孔既可以作为下刀点，也可以避免底部有的平坦。

 相关知识

一、用户宏程序特点

数控程序编制的效率和质量在很大程度上决定了产品的加工精度和生产效率，它既是数控技术的重要组成部分，也是数控加工的关键技术之一。

采用一般的编程技术很难实现球面的加工。但数控系统的用户宏程序为此类规则曲面的编程提供了强大的编程能力。自动编程软件生成的数控程序是用"直线去逼近曲线曲面"，必然存在计算误差和后置处理误差，也就自然使加工精度受到影响，还存在大量的刀具路径重复现象，使加工效率下降。宏程序结合了机床功能和数控指令系统的特点，能直接调用数控系统的圆弧插补、螺旋插补等指令，能有效地控制刀具路径，具有运算速度快、加工效率高、加工精度高等特点。

自动编程软件生成的程序少则上千行，多则上十万行，可读性差，存储容量大，一般的机床上的内存都存不下，只能用 DNC 方式进行在线加工。在自动编程软件中，当零件的几何参数改变时，都要重新建模，重新设置加工参数，重新生成数控程序。但宏程序可以弥补这种不足，编程人员根据零件的几何信息建立相应的数学模型，采用模块化的程序设计思想进行编程，除了便于调用外，还使编程人员从繁琐的、大量的重复性工作中解脱出来，这是任何自动编程软件都不能达到的效果。它结构严谨、分析方便、可读性好、短小精悍，任何合理的、优化的宏程序一般都少于 60 行，至多不过 2KB 的容量。

宏程序是数控加工必不可少的编程方法，只要我们掌握了宏程序的编程原理，对规则几何图形建立数学模型，就能实现实际加工中各种几何形状规则零件的编程加工。

二、内球面加工编程方法

若要用同一程序及不同半径的铣刀加工不同半径的内球体，则对球体和球头铣刀的半径用变量表示。

主程序：

程序名

定义工件坐标原定；　　　　　（如用 G54 定义球面球心为坐标原定）

主轴正转；

调用宏程序；

程序结束；

自变量赋值说明：

#1=(A)　　　　　球面圆弧半径

#2=(B)　　　　　平底立铣刀半径

#3=(C)　　　　　Z 坐标值设为自变量，赋初始值 0

#4=(1)　　　　　平底立铣刀达到内球面底部时 Z 坐标，如果是标准的半球

则#4=-#1*SIN[#2]

#17=(Q)	（Z 坐标）每层切深 Q
#24=(X)	球心在工件坐标系中的 X 坐标
#25=(Y)	球心在工件坐标系中的 Y 坐标
#26=(Z)	球心在工件坐标系中的 Z 坐标

宏程序：

程序名	
G52 X#24 Y#25 Z#26;	在球心处建立局部坐标系
G00 X0 Y0 Z30;	定位至球心上方安全高度
#5=1.6#2	步距设为刀具直径的 80%（经验值）
#3=#3-#17	自变量#3，赋予第一刀初始值（要切削到材料）
WHILE[#3GT#4]DO1;	如果 Z 坐标#3＞#4，循环 1 继续
Z[#3+1.];	G00 下降至 Z#3 面以上 1 处
G01 Z#3 F150	Z 方向 G01 下降至当前加工深度 Z#3
#7= SQRT [#1*#1-#3* #3]-#2;	任意深度时刀具中心对应的 X 坐标值
#8=FX[#7/#5];	任意深度时刀具中心在内腔的最大回转半径除以步距并上取整，重置#8 为初始值
WHILE[#8GE0]DO2;	如果#8≥0（即还没有走到最外一圈），循环 2 继续
#9=#7-#8*#5;	每圈在 X 方向上移动的距离目标值
G01 X#9F400;	以 G01 移动至 X#9
G03 1-#9F1000;	逆时针走整圈
#8=#8-1;	#8 依次递减至 0
END2;	循环 2 结束（最外一圈走完）
G00Z1;	G00 提刀至最高处以上 1 处
X0Y0;	G00 快速回到原工件坐标原点（球心）处
#3=#3-#17;	Z 坐标依次递减#17（层间距）
END1;	循环 1 结束（此时#3=#4）
G52 X0 Y0 Z0;	恢复原坐标点
M99;	宏程序结束，返回

注意： 应确保实际加工深度#4 能被#17 整除。

 任务实施

一、加工准备

毛坯：$60×60×45mm^3$，材料为铝。

设备：数控铣（FANUC0i）。

刀具：立铣刀。

量具：300mm 钢板尺、0～150mm 游标卡尺、R 规。

二、工艺分析

毛坯为 $50×50×45 mm^3$ 方料，有足够的装夹量。所以应该先对上表面加工，然后对内孔加工，再进行宏程序加工。这三道序应在一次装夹中完成，可以避免因为装夹引起的误差。

三、工艺路线

待加工的毛坯为实心体，使用平底立铣刀，其粗加工方式为：每次从中心垂直下刀，向 X

正方向走第一段距离，逆时针走整圆，全部采用顺铣，走完最外圈后提到返回中心，进给至下一层继续，直至达到预定深度，自上而下以等高方式逐层去除余量。

四、程序编制

半球槽的加工：平刀半径 5 毫米，转速 3000 转/分，进给 2000 毫米/分。

参数设定说明：

#1	25	半球槽的半径
#2	0	Z 方向起始值
#3		Z 方向终止值
G90G54G0X0Y0		原点定位
M3S3000		主轴转速
G43H1Z100		刀具长度补偿
Z30		工件零点高出 30 毫米
#1=25		定义半球半径 25 毫米
#2=0		加工起始角度
#3=-90		加工终止角度
N1#4=#1*SIN[#2]		定义加工深度三角函数式
#5=#1*COS[#2]		球体 X 值
G1Z#4F30		Z 方向进给
G1X[#5-4]F2000		X 方向加左刀补
G3I-[#5-4]		逆时针加工圆
G1G40X0Y0		取消刀具半径补偿
#2=#2-1		给#2 赋值，Z 方向递增
IF[#2GE#3]GOTO1		#2 值大于#3 时跳到 N1 循环
G0Z100		
M5		
M30		

五、加工操作

1. 开机；回参考点；安装刀具和工件。
2. 手动方式试切削，对刀。
3. 输入程序；单步运行无误的情况下选择连续加工。
4. 加工完毕后对零件进行检测，直到符合图纸要求，卸工件。

▣ 操作提示

（1）对于曲面加工来说，平刀只能用于粗加工，球刀可用于精加工。

（2）加工时最好采用沿平行于曲面的轴线的方向上走刀。

（3）平刀加工凹型曲面时，要注意刀具直径和底面的关系。

（4）用立铣刀铣外部圆球或椭圆球时，刀具半径不能加在宏程序的计算式中。因为球铣刀的切削半径在铣球时是时刻变化着的，所以刀补要写在计算式的外面。

（5）在编写宏程序时，一定要注意添加中括号的先后顺序，例如#6=#1*sin[[[#2+#3]*#4+#2]*#7]语句中，先运算#2+#3=A，然后运算 A*#4+#2=B，其次运算 B*#7=C，再次运算#1*sinC=#6。

（6）曲面加工时，Z 轴尽可能采取从下往上的加工路线进行加工，这样表面质量更加。图 6-3-2 所示半球体零件加工效果图如下。

（a）从下往上走刀路径　　　　　　　　（b）从上往下走刀路径

图 6-3-2　走刀路径

（7）当宏程序的计算量较大时，要添加预读指令 G08P1 或 G05.1Q1。

（8）在运行宏程序时，机器的系统将进行顺序号检索，而一般的数控系统执行反向检索的时间要比正向检索长，因为系统是先正向检索再去反向检索的，所以能用 WHLIE 和 DO 指令的时候就尽量不要用 IF 和 GOTO，用 WHILE 语句可减少系统的检索时间。

 考核评价

序号	评价项目	评价标准	评分
1	铣刀装夹	将弹簧夹套正确地装入刀柄，然后将直柄立铣刀装入，装夹长度要合适	5
2	虎钳找正	找正后虎钳钳口平行度误差不大于 0.03mm	5
3	工件装夹	选择合适的垫铁，工件加工面超出钳口高度适中，检查工件装夹基准面是否与垫铁和钳口贴实无间隙	5
4	工件找中	用寻边器以工件四边为基准找正工件中心，对中误差 0.02mm(主轴转速最高不超过 500n/min)	10
5	对刀	使用高度对刀仪标定所使用立铣刀的刀具长度值，正确计算零刀具与其他刀的长度差并输入机床，与实际值误差不超过 0.04mm	10
6	模拟仿真加工	输入程序后，在机床上进行模拟仿真加工，检查 XY 平面；轮廓轨迹 XZ 平面；检查铣削深度	5
7	切削用量选择	切削用量选择合理	5
8	编程	加工程序编制合理：空刀轨迹少，程序精炼，没有编程错误（一个错误语句扣 1 分）	10
9	球面槽加工	超差 0.01 扣 1 分	10
10	测量	正确使用量具，准确测值，方法错误扣 5 分，在允许范围内，测量误差超差 0.01 扣 1 分	15
11	粗糙度	粗糙度不大于图纸要求	10
12	安全操作	按实习要求着装，操作符合安全规范	5
13	结束工作	按操作规范清理复位机床，按规定归放刀具及工夹量具	5

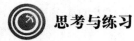 **思考与练习**

对图 6-3-3 示零件球形槽进行数控编程与加工。

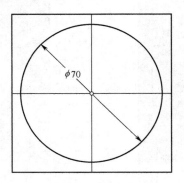

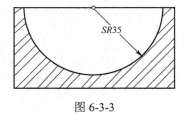

图 6-3-3

任务 2　半球台（平刀）

学习目标

1. 掌握半球台宏程序编制原理；
2. 能编制用平刀或球刀切削半球台的宏程序。

 任务引入

在数控铣床上加工零件，毛坯尺寸为 $50 \times 50 \times 30 mm^3$，材料为铝，零件尺寸及要求如图 6-3-4 所示。

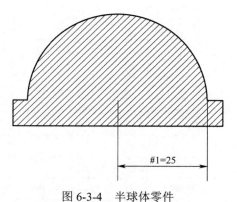

图 6-3-4　半球体零件

任务分析

零件加工特点：该零件加工形状比较简单，主要难点在于铣削球面。此时又需要用到宏程序。

 相关知识

采用一般的编程技术很难实现球面的加工，而数控系统提供的用户宏程序功能，大大简化了该此类规则曲面的编程。其主要加工规则为两轴半加工，即任意两轴联动，其中一轴作周期运动来完成曲面的加工。

一、球面加工轨迹

1．粗加工

外球面一般采用以等高方式，自上而下逐层去除余量的走刀路线。铣削方式为顺铣（G02）。

在每层加工时，如果被去除的部分宽度大于刀具直径，刀具还必须有径向进给，由外至内多次完成 G02 方式走刀。

2．精加工

自下而上等角度水平圆弧绕球面，每层都以 G02 方式走刀。

二、铣削刀具

粗加工采用平底立铣刀，精加工采用球头铣刀。

三、程序起点

为便于描述和对比，每层加工时，刀具的开始和结束位置都要指定在 ZX 平面内的+X 方向上。

 任务实施

一、加工准备

毛坯：$50 \times 50 \times 30 mm^3$ 材料为铝。

设备：数控铣（FANUC0i）。

刀具：立铣刀。

量具：300mm 钢板尺、0～150mm 游标卡尺、R 规。

二、工艺分析

毛坯为 $50 \times 50 \times 30\ mm^3$ 方料，有足够的装夹量。所以先应该对上表面加工。然后对外轮廓粗加工，再进行宏程序加工。这三道序可以在一次装夹中完成，可以避免因为装夹引起的误差。

三、程序编制

半球台的加工：平刀半径 5 毫米，转速 3000 转/分，进给 2000 毫米/分。

参数设定说明：

#1	25.	球体半径
#2	90	Z 方向起始值
#3		球体 X 值

加工程序：

G90G54G0X50Y0	原点快速定位
M3S3000	主轴转速
Z30	工件零点高出 30 毫米
#1=25	定义半球半径 25 毫米
#2=90	加工起始角度
#3=0	加工终止角度
N1#4=#1*SIN[#2]	定义加工深度三角函数式
#5=#1*COS[#2]	定义铣削加工圆半径
G1Z#4F50	Z 方向进给
G41D1X#5F2000	X 方向加左刀补
G3I-#5	逆时针加工圆
G1G40X50	取消刀具半径补偿
#2=#2-1	给#2 赋值，每次递增 1 度
IF[#2GE0]GOTO1	#2 值大于 0 时跳到 N1 循环
G90G0Z100	
M5	
M30	

四、加工操作

1. 开机；回参考点；安装刀具和工件。
2. 试切削，对刀。
3. 输入程序；单步运行无误的情况下选择连续加工。
4. 在加工中对零件进行精度控制，直到符合图纸要求，卸工件。

▶ 操作提示

（1）对于曲面加工来说，平刀只能用于粗加工，球刀可用于精加工。

（2）加工时最好采用沿平行于曲面的轴线的方向上走刀。

（3）平刀加工凹型曲面时，要注意刀具直径和底面的关系。

（4）用立铣刀铣外部圆球或椭圆球时刀具半径不能加在宏程序的计算式中。因为球铣刀的切削半径在铣球时是时刻变化着，所以刀补要写在计算式的外面。

（5）在编写宏程序时一定要注意添加中括号的先后顺序，例如：#6=#1*sin[[[#2+#3]*#4+#2]*#7]语句中，先运算#2+#3=A，然后运算 A*#4+#2=B，其次运算 B*#7=C，再次运算#1*sinC=#6。

（6）曲面加工时，Z 轴尽可能采取从下往上的加工路线进行加工，这样表面质量更加。例如：图 6-3-5 半球体零件加工效果图如下。

（7）当宏程序的计算量较大时，要添加预读指令 G08P1 或 G05.1Q1。

（8）在运行宏程序时，机器的系统将进行顺序号检索，而一般的数控系统执行反向检索的时间要比正向检索长，因为系统是先正向检索再去反向检索的，所以能用 WHLIE 和 DO 指令的时候就尽量不要用 IF 和 GOTO，用 WHILE 语句可减少系统的检索时间。

（a）从下往上走刀路径　　　　　　　　（b）从上往下走刀路径

图 6-3-5　半球体零件加工效果图

 考核评价

序号	评价项目	评价标准	备注
1	铣刀装夹	将弹簧夹套正确地装入刀柄，然后将直柄立铣刀装入，装夹长度要合适	5
2	虎钳找正	找正后虎钳钳口平行度误差不大于 0.03mm	5
3	工件装夹	选择合适的垫铁，工件加工面超出钳口高度适中，检查工件装夹基准面是否与垫铁和钳口贴实无间隙	5
4	工件找中	用寻边器以工件四边为基准找正工件中心，对中误差 0.02mm（主轴转速最高不超过 500n/min）	10
5	对刀	使用高度对刀仪标定所使用立铣刀的刀具长度值，正确计算零刀具与其他刀的长度差并输入机床，与实际值误差不超过 0.04mm	10
6	模拟仿真加工	输入程序后，在机床上进行模拟仿真加工，检查 XY 平面；轮廓轨迹 XZ 平面；检查铣削深度	5
7	切削用量选择	切削用量选择合理	5
8	编程	加工程序编制合理：空刀轨迹少，程序精炼，没有编程错误（一个错误语句扣 1 分）	10
9	球面加工	超差 0.01 扣 1 分	10
10	测量	正确使用量具，准确测值，方法错误扣 5 分，在允许范围内，测量误差超差 0.01 扣 1 分	15
11	粗糙度	粗糙度不大于图纸要求	10
12	安全操作	按实习要求着装，操作符合安全规范	5
13	结束工作	按操作规范清理复位机床，按规定归放刀具及工夹量具	5

 思考与练习

对图 6-3-6 示零件完成下列工作。

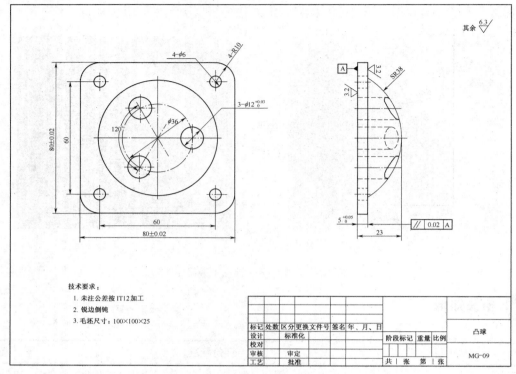

图 6-3-6

（1）正确进行图纸分析。

（2）合理确定加工工艺和走刀路线。

（3）正确编制加工程序。

（4）加工零件达到图纸要求。

课题四　阵列孔加工

学习目标

1. 掌握阵列孔系宏程序编制原理；

2. 能正确使用宏程序编制圆阵列和矩形阵列孔系的加工程序。

 任务引入

加工圆周等分孔，如图 6-4-1 所示。在半径为 50mm 的圆周上均匀地钻 8 个 $\phi4$ 的孔，第一个孔的起始点角度为 20°，设圆心为 O 点，以零件的上表面为 Z 向零点。

 任务分析

孔系加工在普通手工编程中讲过，必须算出每一个孔心位置。当孔数较多时，就比较繁琐。利用宏程序进行编程加工是本课题的内容。熟练应用宏程序指令进行编程，可大大精简程序量，在一定意义上说，还可以增强机床的加工适应能力。

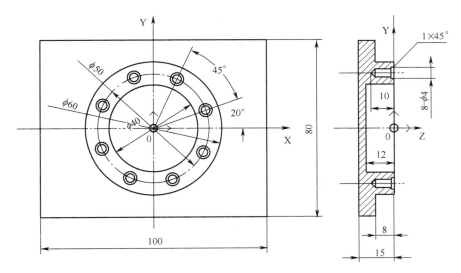

图 6-4-1　沿圆周均布的孔系零件

 **相关知识**

一、圆形阵列孔系加工宏程序编程

工程上经常使用圆弧均布的联接孔，而这些孔在图样上往往是不给出每点的坐标，在编程时需要逐点计算，因而增加了编程员的工作量。圆弧孔可用极坐标来描述，若圆心不在坐标原点上，则编程不太方便。系统提供了圆弧均布孔位计算宏指令，可供直接使用。这里给出扇形面上圆弧孔的宏程序编制方法。

1. 宏程序调用格式

G65 P9100X-Y-Z-R-F-I-A-B-H-；

式中：X——圆弧中心 X 坐标（#24）；

Y——圆弧中心 Y 坐标（#25）；

Z——孔深（#26）；

R——趋近点坐标（#18）；

F——切削进给速度（#9）；

I——圆弧半径（#4）；

A——第 1 孔的角度值（#1），省略时为零；

B——增量角（#2），当 B>0 时为逆时针方向加工，B<0 时为顺时针方向加工。当 B 省略时为整圆周均布孔，此时的加工方向为逆时针；

H——孔数（#11），包括第 1 孔；

效果如图 6-4-2 所示。

2. 宏程序调用程序

O0002;

G90G92X0Y0Z100.0;

G65P9100X100.Y50.R30.Z-50.F500I100.A0B45.H5;

M30

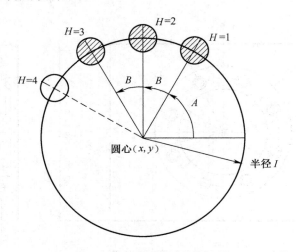

图 6-4-2 圆弧均布孔零件

3. 宏程序本体（被调用宏程序）

```
O9100                          （圆形阵列孔系宏程序）
#3=#4003;                      保存 03 组 G 代码
G81Z#26R#18F#9K0;             钻孔循环（注：也可使用 L0）
IF[#3 EQ90）GOTO 1;           在 G90 方式转移到 N1
#24=#5001+#24;                计算圆心的 X 坐标（#5001：工件坐标系第一轴）
#25=#5002+#25;                计算圆心的 Y 坐标（#5002：工件坐标系第二轴）
N1 WHILE[#11GT0]DO1;          直到剩余孔数为零
#5=#24+#4*COS[#1];            计算 X 轴上的孔位
#6=#25+#4*SIN[#1];            计算 Y 轴上的孔位
G90X#5Y#6;                    移动到目标位置之后执行钻孔
#1=#1+#2;                     更新角度
#11=#11-1;                    孔数减 1
END1;
G#3G80;                       返回原始状态的 G 代码
M99;
```

注：变量含义：#3：储存 03 组 G 代码；#5：下一孔的 X 坐标；#6：下一孔的 X 坐标。

例：用宏程序编程，加工图 6-4-3 所示零件孔。

宏指令——调用宏程序指令：

G65 P9207 R35 A30 H12 X0 Y0;

宏指令体——宏程序：

```
O9027;
#32=1 ；（孔计数用，设定初始值为 1）
WHILE 【#32 LE ABS【#11】】D1 ；
 （当孔计数值小于或等于孔数 12 时，执行 D1 和 END1 之间的程序）
#33=#1+360*【#32-1】/#11 ；
 （第 1 个孔与 X 轴的夹角）
#101=#24+#18*COS【#33】；
#102=#25+#18SIN【#33】；
G00 X#101 Y#102 ；
G81 G98 Z-20 R10 F50 ；
```

#32=#32+1;
END 1;
M99;
%

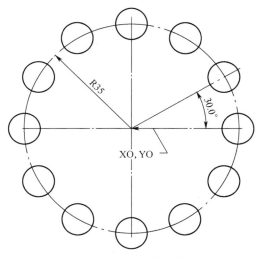

图 6-4-3　圆形阵列孔系零件例

二、矩形阵列孔系加工宏程序编程

图 6-4-4 所示零件中，有规律地分布着 24 个孔。依次钻孔需要计算 24 次孔心位置，较为繁琐。利用宏程序则简单很多。

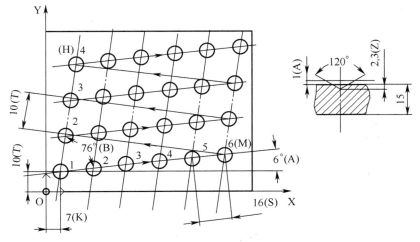

图 6-4-4　矩形阵列孔系零件

1. 调用宏程序格式

G65 P__X__Y__.A__B__S__M__H__Z__R__F__；

X\Y：第一孔的孔心位置。

A：始边与 X 轴夹角。

B：终边与始边夹角。

F：Z 向切削进给速度。

H：终边孔数。

M：始边孔数。

R：R 平面位置。

S：始边孔距。

T：终边孔距。

Z：孔深。

2. 宏程序调用程序

```
O0006
G54 G00 G17 G80 G40 G49 G90;           加工状态初始化
Z100.;
M03 S1000 M08;
X0. Y0.;                               坐标原点
G65 P9210 X7. Y10. A6. B76. S16. M6. T18. H4. Z-2.3 R2. F80.;自变量赋值
M30;
```

3. 被调用宏程序

```
O9210;                                 矩形阵列孔宏程序号
G81 Z#26 R#18 F#9 K0;                   各变量按上表取值，K0 表示当前位置
不执行钻孔（当前刀具位置为 X0、Y0）
N1 #100=0;                             始边钻孔位置到基准点距离初始化为 0
#32=#13;                               存储始边孔数
WHILE [#32 GT 0] DO 1;                 若孔数大于 0 则顺序执行，否则转到 END1
以后的程序段执行
#30=#24+#100cos[#1];                   钻孔位 X 坐标
#31=#25+#100sin[#1];                   钻孔位 Y 坐标
G00 X#30 Y#31;                         坐标轴移动，执行 G81 打孔
#100=#100+#19;                         始边钻孔位置到基准点增加一个孔距
#32=#32-1;                             始边孔数计数器减 1
END1;
#24=#24+#20 cos[#1+#2];                下一行孔基准点 X 坐标
#25=#25+#20 sin[#1+#2];                下一行孔基准点 Y 坐标
#11=#11-1;                             终边孔数减 1
IF [#11 GT 0] GOTO N1;                 若孔数大于 0 则转 N1，否则顺序执行
G80;                                   取消固定循环
M99;
```

表 6-4-1　变量含义

自变量	变量	取值	意义	备注
A	#1	6	始边与 X 轴夹角	
B	#2	76	终边与始边夹角	
F	#9	80	Z 向切削进给速度	
H	#11	4	终边孔数	

续表

自变量	变量	取值	意义	备注
M	#13	6	始边孔数	
R	#18	2	R 平面位置	绝对坐标指定
S	#19	16	始边孔距	
T	#20	18	终边孔距	
X	#24	7	矩形阵列孔基点的 X 坐标	绝对坐标指定
Y	#25	10	矩形阵列孔基点的 Y 坐标	绝对坐标指定
Z	#26	-2.3	孔深	绝对坐标指定
	#30		存储钻孔位置的 X 坐标	中间变量
	#31		存储钻孔位置的 Y 坐标	中间变量
	#32		始边孔数计数器	中间变量
	#100		始边钻孔位置到基准点的距离	绝对值大小

 任务实施

一、工艺准备

1. 毛坯选择

毛坯：120×80×15mm³ 硬铝，已预加工完成。

2. 加工设备选择

（1）机床：数控铣床

（2）刀具：T01——ϕ16 端刃过中心立铣刀。

　　　　　T02——ϕ20 端刃过中心立铣刀。

　　　　　T03——ϕ10 NC90° 中心钻。

　　　　　T04——ϕ4 钻头。

（3）量具：300mm 钢板尺、0~150mm 游标卡尺、0~25mm 千分尺。

（4）夹具：精密平口虎钳。

3. 制定工艺

工件有三个加工内容：圆形阵列孔加工、内部区域（型腔）加工及外部区域加工。

（1）工艺过程及加工参数见表 6-4-2。

表 6-4-2　工艺卡

序号	加工内容	刀具号	刀具类型	主轴转速（r/min）	进给速度（mm/min）		刀补号
					Z 向	周向	
1	铣削ϕ40 型腔 分两次加工完成	T01	ϕ16 端刃过中心立铣刀	600	40	80	H01 D11=14 D12=8

续表

序号	加工内容	刀具号	刀具类型	主轴转速（r/min）	进给速度（mm/min）		刀补号
					Z 向	周向	
2	铣削 $\phi60$ 外圆轮廓一次加工完成	T02	$\phi20$ 端刃过中心立铣刀	600	40	80	H02 D21=25 D22=10
3	打中心孔及倒角	T03	$\phi10$ NC90° 中心钻	1000	80		H03
4	钻孔	T04	$\phi4$ 钻头	1200	80		H04

（2）加工路线。

$\phi40$ 圆形型腔加工路线如图 6-4-5（a）所示，通过缩小型腔半径值或增加刀具半径补偿值加工；$\phi60$ 外部区域加工路线如图 6-4-5（b）所示，同样也是通过增加或减小刀具半径补偿值加工；圆形阵列孔逆时针方向加工，如图 6-4-5（c）所示。

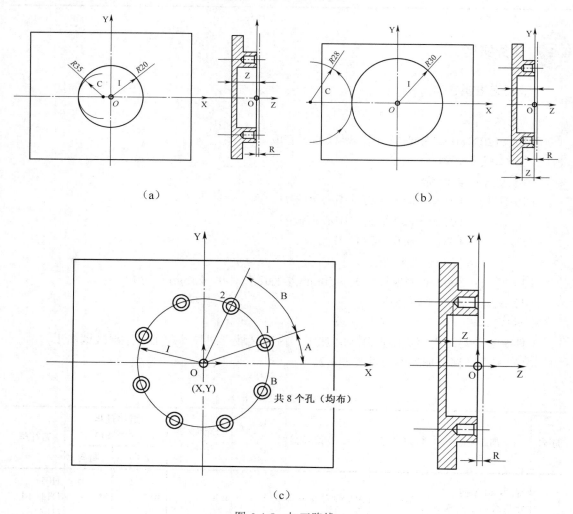

（a）

（b）

（c）

图 6-4-5　加工路线

二、程序清单

1. 圆型腔加工程序

T₁;	装 ϕ16 铣刀

T$_1$;　　　　　　　　　　　　　　　　　　装 ϕ16 铣刀
O1816;　　　　　　　　　　　　　　　　　加工 ϕ40 圆型腔程序
G54 G00 G17 G80 G40 G49 G90;
Z100.;　　　　　　　　　　　　　　　　　到达初始平面
S600 M03 M08;
N10 G65 P 9816 X0. Y0. C15. I20. D11. Z-6. R2. F80.;　调用 O9816 型腔加工宏程序，加工型腔中间部位
N20 G65 P9816 X0. Y0. C15. I20. D12. Z-6. R2. F80.;　调用 O9816 型腔加工宏程序，加工型腔边缘
N30 G65 P9816 X0. Y0. C15. I20. D11. Z-12. R2. F80.;　调用 O9816 型腔加工宏程序，在二次切深下加工型腔中间部位
N40 G65 P9816 X0. Y0. C15. I20. D12. Z-12. R2. F80.;　调用 O9816 型腔加工宏程序，在二次切深下加工型腔边缘
G90 G00 Z100.;
M09;
M05;
M30;
T$_2$;　　　　　　　　　　　　　　　　　　手动换取 ϕ20 铣刀，外轮廓加工
O1817;　　　　　　　　　　　　　　　　　铣削 ϕ60 外圆轮廓程序
G54 G00 G17 G80 G40 G49 G90;
Z100.;　　　　　　　　　　　　　　　　　到达初始平面
S600 M03 M08;
N50 G65 P9817 X0. Y0. C28. I30. D21. Z-8. R2. F80.;　　调用 O9817
N60 G65 P9817 X0. Y0. C28. I30. D22. Z-8. R2. F80.;　　调用 O9817 外轮廓加工宏程序
G90 G00 Z100.;
M09;
M05;
M30;
T$_3$;　　　　　　　　　　　　　　　　　　手换 ϕ10 NC90° 中心钻
O1818;　　　　　　　　　　　　　　　　　打中心孔加工程序
G54 G00 G17 G80 G40 G49 G90;
Z100.;　　　　　　　　　　　　　　　　　到达初始平面
S1000 M03 M08;
N70 G65 P9818 X0. Y0. Z-3. R2. F80. I25. A20. B45. H8.;调用 O9818 宏程序打中心孔及倒角
G00 Z100.;
M09;
M05;
M30;

T$_4$;　　　　　　　　　　　　　　　　　　换取 ϕ4 钻头
O1818;　　　　　　　　　　　　　　　　　钻孔加工程序
G54 G00 G17 G80 G40 G49 G90;
G43 100.;　　　　　　　　　　　　　　　　到达初始平面
S1200 M03 M08;
N80 G65 P9818 X0. Y0. Z-10. R2. F80. I25. A20. B45. H8.;调用 O9818 宏程序钻孔
G90 G00 Z100.;

```
M09;
M05;
M30;
```

2. 圆型腔加工宏程序

O9816;	圆形型腔宏程序
#32=#4001;	储存进入宏程序时的 01 组代码
#31=#4003;	储存进入宏程序时的 03 组代码
#30=#[12000+#07];	读入刀具半径补偿值
IF [#3 GT #4] GOTO 991;	切入圆半径大于型腔圆半径时报警
IF [#30 GT #3] GOTO 992;	刀具半径补偿值大于切入圆半径时报警
G00 X#24 Y#25;	
Z#18;	
G41 G00 X[#24-#4+#3] Y[#25+#3] D#7;	从坐标原点到达下刀点
G01 Z-#26 F[#9/2];	下刀
G03 X[#24-#4] Y#25 R#3 F#9;	1/4 圆弧切入
I#4 J0.;	逆时针整圆
X[#24-#4+#3 Y#3] Y[#5-#3] R#3;	1/4 圆弧切出
G01 Z#18;	抬刀
G40 G00 X#24 Y#25;	
GOTO N999;	
N991 #3000=140（C/I ERROR）;	
N992 #3000=141（D/I ERROR）;	
N999 G#32 G#31 F#9;	恢复模态指令
M99;	

圆形型腔宏程序所用变量意义见表 6-4-3。

表 6-4-3　圆形型腔宏程序变量意义

自变量	变量	取值	意义	备注
C	#3	15	切入/切出圆半径	绝对值大小
I	#4	20	圆形型腔半径	绝对值大小
D	#7	11/12	刀具半径补偿号	
F	#9	100	进给速度	绝对值大小
R	#18	2	R 平面位置	调用宏程序时 G90/G91
X	#24	0	圆形型腔圆心的 X 坐标	绝对坐标
Y	#25	0	圆形型腔圆心的 Y 坐标	绝对坐标
Z	#26	-6/-12	型腔深度	绝对坐标
	#4001		01 组 G 代码信息	G00/G01/G02/G03/G33
	#4003		03 组 G 代码信息	G90/G91
	#30		存储 D11/D12 号刀具半径补偿值	中间变量
	#31		存储 03 组 G 代码	中间变量
	#32		存储 01 组 G 代码	中间变量

3. 圆形外轮廓加工宏程序

O9817;	圆形外轮廓加工宏程序
#32=#4001;	储存进入宏程序时的 01 组代码
#31=#4003;	储存进入宏程序时的 03 组代码
#30=#[12000+#07];	读入刀具半径补偿值
IF [#30 GT #4] GOTO 991;	刀具半径补偿值大于型腔圆时半径报警
IF [#30 GT #3] GOTO 992;	刀具半径补偿值大于切入圆时半径报警
G00 X#24 Y#25;	外圆轮廓圆心
Z#18;	接近工件
G41 G00 X[#24-#4-#3] Y[#25-#3] D#7;	建立刀具半径补偿
G01 Z#26 F[#9/2];	下刀
G03 X[#24-#4] Y#25 R#3 F#9;	1/4 圆弧切入
G02 I#4 J0.;	逆时针整圆
G03 X[#24-#4-#3] Y[#5+#3] R#3;	1/4 圆弧切出
G01 Z#18;	抬刀
G40 G00 X#24 Y#25;	
GOTO N999;	
N991 #3000=140（C/I ERROR）;	
N992 #3000=141（I/D ERROR）;	
N999 G#32 G#31 F#9;	恢复模态指令
M99;	

圆形外部区域宏程序所用变量意义见表 6-4-4。

表 6-4-4 圆形外轮廓宏程序变量意义

自变量	变量	取值	意义	备注
C	#3	28	切入/切出圆半径	绝对值大小
I	#4	30	圆形外轮廓半径	绝对值大小
D	#7	21/22	刀具半径补偿号	
F	#9	80	进给速度	绝对值大小
R	#18	2	接近位置	调用宏程序时 G90/G91
X	#24	0	外圆轮廓圆心的 X 坐标	绝对坐标
Y	#25	0	外圆轮廓圆心的 Y 坐标	绝对坐标
Z	#26	-8	区域深度	绝对坐标
	#4001		01 组 G 代码信息	G00/G01/G02/G03/G33
	#4003		03 组 G 代码信息	G90/G91
	#30		存储 D21/D22 号刀具半径补偿值	中间变量
	#31		存储 03 组 G 代码	中间变量
	#32		存储 01 组 G 代码	中间变量

4. 圆形阵列孔宏程序

O9818;	圆形阵列孔宏程序
#32=#4001;	储存进入宏程序时的 01 组代码
#31=#4003;	储存进入宏程序时的 03 组代码
G81 Z#26 R#18 F#9 K0;	钻孔循环，K0 表示当前位置（编程原点 X0Y0）不执行钻孔

WHILE [#11 GT 0] DO 2;	孔的个数大于 0，则顺序执行到 END2，直到要钻孔的个数为 0 时，转到 END2 以后的程序段执行	
#5=#24+#4*COS[#1];	阵列孔在工件坐标系下的 X 绝对坐标	
#6=#25+#4*SIN[#1];	阵列孔在工件坐标系下的 Y 绝对坐标	
G90 X#5 Y#6;	轴移动，执行 G81	
#1=#1+#2;	更新孔位，逆时针转动 45°	
#11=#11-1;	要加工孔的个数更新（减 1）	
END 2;	#11=0 时循环结束	
G#32 G#31 F#9 G80;	恢复模态指令	
M99;		

孔加工宏程序中所用变量意义见表 6-4-5。

表 6-4-5　孔加工宏程序变量意义

自变量	变量	取值	意义	备注
A	#1	20	第一个孔与 X 轴正向的夹角	绝对值大小
B	#2	45	两相邻孔间的夹角	绝对值大小
F	#9	80	进给速度	
H	#11	8	圆形阵列孔数量	
I	#4	25	阵列圆半径	绝对值大小
R	#18	2	接近平面	绝对坐标指定
X	#24	0	阵列圆圆心 X 坐标	绝对坐标指定
Y	#25	0	阵列圆圆心 Y 坐标	绝对坐标指定
Z	#26	-10/-12	孔深	绝对坐标指定
	#5		阵列孔的 X 坐标	绝对坐标指定
	#6		阵列孔的 Y 坐标	绝对坐标指定
	#31		存储 03 组 G 代码	中间变量
	#32		存储 01 组 G 代码	中间变量
	#4001		01 组 G 代码信息	G00/G01/G02/G03/G33
	#4003		03 组 G 代码信息	G90/G91

三、零件加工

1．开机，各坐标轴手动回机床原点，预热。

2．刀具安装。

3．清洁工作台，安装夹具和工件。

将平口虎钳清理干净放在干净的工作台上，通过百分表找正、找平虎钳，再将工件装正在虎钳上。

4．对刀设定工件坐标系。

（1）用寻边器对刀，确定 X、Y 向的零偏值，将 X、Y 向的零偏值输入到工件坐标系 G54 中；

（2）将加工所用刀具装上主轴，再将 Z 轴设定器安放在工件的上表面上，确定 Z 向的零偏值，输入到工件坐标系 G54 中。

5．设置刀具补偿值、变量值。

6．输入加工程序。

7．调试加工程序。

把工件坐标系的 Z 值沿+Z 向平移 100mm，按下【数控启动】键，适当降低进给速度，检查刀具运动是否正确。

8．自动加工。

把工件坐标系的 Z 值恢复原值，将进给倍率开关打到低档，按下【数控启动】键运行程序，开始加工。机床加工时，适当调整主轴转速和进给速度，并注意监控加工状态，保证加工正常。

9．取下工件，进行尺寸检测。

10．清理加工现场。

操作提示

（1）阵列孔加工程序中的 R 值可以选小些，使 G00 抬刀时的空行程短、加工路径优化、加工效率高。

（2）在实际应用中，还可以根据零件形状，按照孔的分布排列，把相同性质的孔归于同一矩阵，对这些不同的矩阵分别处理。

（3）要考虑孔的深度，尤其是要注意盲孔加工。

考核评价

序号	评价项目	评价标准	备注
1	铣刀装夹	将弹簧夹套正确地装入刀柄，然后将直柄立铣刀装入，装夹长度要合适	5
2	虎钳找正	找正后虎钳钳口平行度误差不大于 0.03mm	5
3	工件装夹	选择合适的垫铁，工件加工面超出钳口高度适中，检查工件装夹基准面是否与垫铁和钳口贴实无间隙	5
4	工件找中	用寻边器以工件四边为基准找正工件中心，对中误差 0.02mm（主轴转速最高不超过 500n/min）	10
5	对刀	使用高度对刀仪标定所使用立铣刀的刀具长度值，正确计算零刀具与其他刀的长度差并输入机床，与实际值误差不超过 0.04mm	10
6	模拟仿真加工	输入程序后，在机床上进行模拟仿真加工，检查 XY 平面；轮廓轨迹 XZ 平面；检查铣削深度	5
7	切削用量选择	切削用量选择合理	5
8	编程	加工程序编制合理：空刀轨迹少，程序精炼，没有编程错误（一个错误语句扣 1 分）	10
9	孔系加工	每个尺寸超差 0.01 扣 1 分	10
10	测量	正确使用量具，准确测值，方法错误扣 5 分，在允许范围内，测量误差超差 0.01 扣 1 分	15
11	粗糙度	粗糙度不大于图纸要求	10
12	安全操作	按实习要求着装，操作符合安全规范	5
13	结束工作	按操作规范清理复位机床，按规定归放刀具及工夹量具	5

思考与练习

1. 什么叫宏指令编程？采用宏指令编程有什么好处？
2. 宏程序的适用范围？
3. 阵列孔系宏程序的编程原理是什么？
4. 试编写圆阵列孔系和矩形阵列孔系宏程序的结构流程图。
5. 试用宏指令编程的方法编制加工图 6-4-6 中所示均布孔的程序。

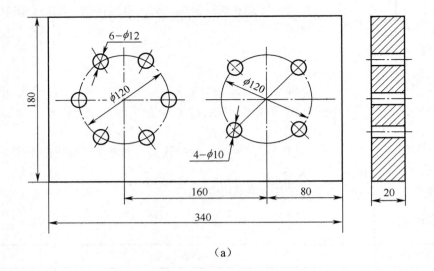

（a）

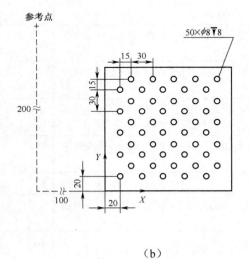

（b）

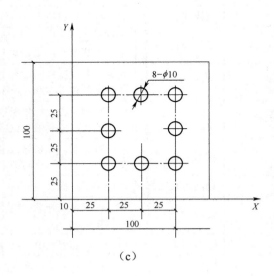

（c）

图 6-4-6

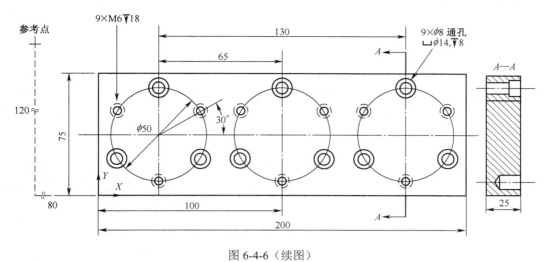

图 6-4-6（续图）

模块七　曲面铣削

手工编程实际是平面编程，只能实现 X、Y、Z 任意两轴联动，但对某些具有特定几何特征的三维实体也可手工编程，这种程序不是真正的三维程序，属于两维半编程。手工编制两维半程序实际是使两轴联动、第三轴作独立周期性进刀。

可实现两维半手工编程加工的三维图形应具有以下特征：

（1）用平行于 XY、XZ、YZ 面的一系列平面剖切三维实体，在各剖切平面上得到的图形均为相似形；

（2）相似形的几何中心在垂直于剖切面的同一轴线上；

（3）不论从上至下或从下至上、从左至右或从右至左、从前至后或从后至前加工，刀具均不能发生干涉现象。

图 7-0-1 所示凸半球的几何特征满足上述三条，可实现手工编程。图 7-0-2 所示的斜圆柱体，虽然剖面上得到的是半径不等的相似圆，但相似圆的圆心在 XY 平面上不重合，这类三维实体很难用手工编制加工程序。

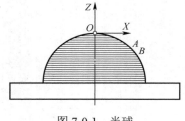

图 7-0-1　半球

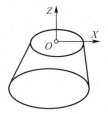

图 7-0-2　斜圆柱体

两维半编程的原理是用一系列具有一定厚度的平面图形叠加出三维实体。以图 7-0-1 为例，铣刀在 XY 平面内作圆周运动（两轴联动），铣出的轮廓是该剖切面上的圆，铣刀运动到圆的终点后，在 XZ 面内上升或下降一个弧段 AB（进刀，即所谓半轴），在新的剖切面上从一个新圆的起点开始重复圆周运动，得到相同圆心不同半径的圆。半轴进给量越小，球体表面越光滑。

两维半实体加工可使用平头立铣刀或球头铣刀。编程时平头铣刀按刀心编程，球头铣刀按球心编程，不用刀具半径补偿功能，刀具轨迹可采用"行切法"或"环切法"，具体内容将在随后的课题中介绍。

课题一　柱面铣削

学习目标

掌握柱面加工手工编程的排刀方法。

任务引入

手工编程加工的柱面多为直圆柱面。直圆柱面纵向的截面形状是直线，横截面形状是圆弧。柱面有两种形式，一种是外凸柱面，另一种是内凹柱面。当直柱面平行于机床进给轴装夹时，可用两维半手工编程方式加工。

如图 7-1-1 所示工件，要求只加工图纸中的圆柱面，材料为硬铝。

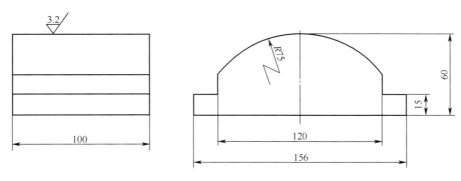

图 7-1-1 柱面铣削工件

任务分析

柱面铣削的走刀路线常用的有两种方式，一种是沿圆柱面的轴线纵向走刀，另一种是垂直于轴线的横向走刀，一般认为纵向走刀方式比横向走刀方式的切削过程更加稳定，在实际加工中多采用纵向走刀。铣削方式有两种，单向走刀方式和往复走刀方式。单向走刀方式的优点是能够保持顺铣或逆铣的铣削方式不变，保持良好的铣削工艺，特别是当铣削难加工材料时；缺点是铣削效率较差。而往复式走刀方式与单向式走刀方式的优缺点正相反，顺逆铣削交替进行，铣削工艺较差，但由于每一往复都在切削，因而切削效率较高。

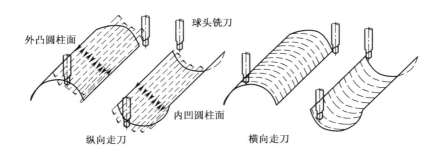

图 7-1-2 圆柱面走刀路线

相关知识

一、曲面加工的行距和节距

1. 行距

行距是指两次走刀路线之间的距离，如图 7-1-3 所示，行距的大小决定铣削残留高度。残留高度直接影响表面质量，残留高度又被称为曲面铣削误差。决定残留高度的因素有四个：行距、铣刀圆弧半径、曲面的曲率及切削点曲面切线的角度。铣刀圆弧半径越大、行距越小，切削点曲面切线的角度越小、曲面曲率越小，其残留高度就越小；反之残留高度就越大。当采用等行距铣削曲面时，残留高度不等，误差较大。手工编程时等行距比较容易计算。

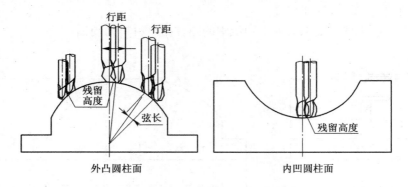

图 7-1-3　等行距

2. 节距

节距是指行距在圆横截面上的弦长，弦长的两个端点与曲面的圆心连线的夹角就是弦长对应的圆心角，当用等节距铣削曲面时，残留高度不变，铣削精度高，但行距则随曲面的位置发生变化。用手工编程时，计算行距比较麻烦。

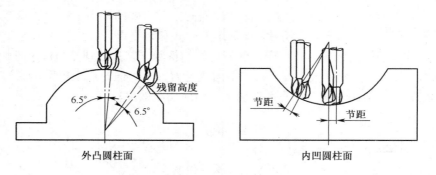

图 7-1-4　等节距

二、柱面铣削的刀具

加工圆柱面的刀具与加工其他类型的曲面的刀具相同，分为球头刀和圆角刀两类，如图7-1-5 所示。其中圆角刀一般也可以分为两种类型：整体圆角立铣刀及刀片和刀体分开的机械夹固式铣刀。

加工圆柱面的刀具选择原则是根据刀具的加工性能、加工效率以及刀具的耐用度所确定的，下面分别对球头立铣刀和圆角铣刀的加工特点和适用范围加以简述。

（1）球头立铣刀。

球头立铣刀的适用范围最广，既能加工外凸圆柱面也能加工内凹圆柱面，是加工曲面最常用的铣刀，加工适应性强。其缺点是切削速度低，切削能力较差，特别是铣刀中心，铣刀中心的切削速度为零。铣刀的切削速度与机床主轴转速的关系式为：

$$V=\pi DN/1000$$

其中，V 为铣刀切削速度 m/min；D 为铣刀切削刃与工件接触处直径 mm；N 为机床主轴转速 rad/min。

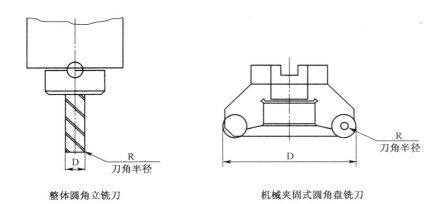

整体圆角立铣刀　　　　　　机械夹固式圆角盘铣刀

图 7-1-5　圆角铣刀

当用球头刀铣削半径较大的外凸圆柱面时，其铣削效果较差。当然铣削平面的效果更差。球头铣刀有整体式和机械夹固式两种，整体式有圆柱和圆锥两种。

（2）圆角铣刀。

圆角铣刀用铣刀的圆角进行切削，其优点是切削速度大，切削效果好，特别是加工外凸曲面，当使用机械夹固式圆盘铣刀时，铣削平面的效果也很好；缺点是不能铣削连续对称内凹曲面，如图 7-1-6 所示。

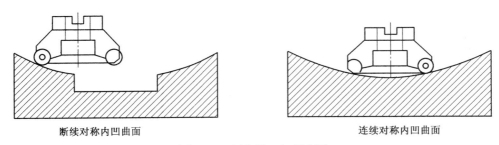

断续对称内凹曲面　　　　　　　　　　连续对称内凹曲面

图 7-1-6　圆角铣刀切削曲面

三、曲面铣削的残余高度

使用平头铣刀加工三维实体的优点是平头铣刀价格便宜，容易重复刃磨，缺点是易发生干涉，加工曲面的平整度差，一般只适于粗加工。另外，加工凹形曲面不宜使用平头铣刀，否则会出现平底现象。球头刀恰与平头铣刀相反。但无论使用哪种铣刀，曲面加工时都会留下一定的残余高度。图 7-1-7 所示为球头刀加工曲面的几种情况：平切、外切和内切。

从图 7-1-7 可以看出，行距、层降和刀具直径直接影响残余高度，行距和层降越小，刀具半径越大，残余高度越小，表面加工质量越好，但行距和层降也不宜过小或过大，行距过小会延长加工时间、影响效率，行距过大则难以达到质量要求，必要时可通过残余高度计算来确定合适的行距和层降,而实际加工时一味增大刀具直径会使成本提高,用户需根据实际情况确定。

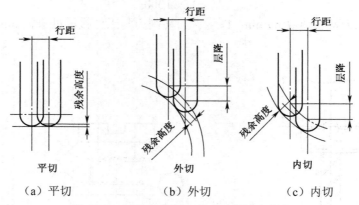

图 7-1-7　球头铣刀加工曲面时的残余高度

另外受铣刀切削刃（刀具手册中的 a_p）长度限制,对高度较大的实体不能一次切至轮廓表面,有时需分层加工, 如图 7-1-8 所示。分层加工也将产生残余高度。

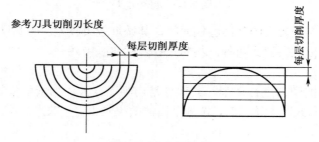

图 7-1-8　分层切削

 任务实施

1. 工艺准备

（1）工序安排。手工去除多余材料, 留约 5mm 加工余量（人工估计即可）。

（2）切削刀具。

加工项目	刀具号	刀具类型	主轴转速（r/min）	进给速度（mm/min）		切削深度（mm）	刀补号
				轮廓进给	Z 向		
圆柱面	T01	ϕ12 球头铣刀	1000	80	40	约 5	—

（3）编程坐标系。如图 7-1-1 所示。

（4）走刀路线。按铣刀球心编程, 不需要刀具半径补偿, 球心可沿母线进刀、沿圆弧行切, 也可沿圆弧进刀、沿母线行切。使用手工两维半编程加工圆柱面的编程技巧是, 将一个往复走刀循环编成子程序形式, 一个往复循环中的几何元素包括两条圆弧和两条直线。圆弧从 26° 开始, 行距 0.5mm, 用增量编程方式, 以便在主程序中循环, 如图 7-1-9 所示。

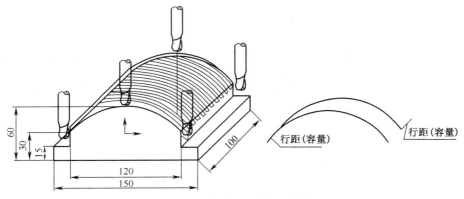

图 7-1-9　柱面加工的走刀路线

2. 程序清单

O7100;
G54 G00 G17 G80 G40 G49 G90;　　　　　　　　　　保险句
Z100.;
S1000 M03 M08;
X66.624 Y0.;
Z50.;
G01 Z31.067 F40;
M65 P7101;
G00 Z300.;
M30;

O7101;　　　　　　　　　　　　　　　　　　　　　圆弧往复循环子程序
G90 G02 X-66.624 R81. F80;
G91 Y0.5;
G90 G03 X66.624 R81.;
G91 Y0.5;
M99;

3. 工件加工

（1）开机，各坐标轴手动回机床原点。

（2）工件的定位、装夹和找正。工件装夹时圆柱面轴线平行于 Y 轴。

（3）刀具安装。

（4）对刀，确定工件坐标系。

（5）程序输入，并调试。

（6）自动加工。

（7）取下工件，清理并检测。

（8）清理工作现场。

操作提示

（1）对高度较长的实体不能一次切至轮廓面，通常要分层铣削。

（2）对外凸柱面和内凹柱面要分别选择合适的转速和进给量。

（3）最好将一个往复走刀循环编成一个子程序。

考核评价

序号	评价项目	评价标准	备注
1	球头铣刀装夹	将弹簧夹套正确地装入刀柄，然后将直柄球头铣刀装入，装夹长度要合适	10
2	虎钳找正	找正后虎钳钳口平行度误差不大于 0.03mm	10
3	工件装夹	选择合适的垫铁，工件加工面超出钳口高度适中，检查工件装夹基准面是否与垫铁和钳口贴实无间隙	10
4	工件找中	用寻边器以工件四边为基准找正工件中心，对中误差 0.02mm（主轴转速最高不超过 500n/min）	10
5	对刀	使用高度对刀仪标定所使用球头铣刀的刀具长度值，与实际值误差不超过 0.04mm	10
6	建立工件坐标系	工件坐标系应与程序相吻合	10
7	尺寸测量	用游标卡尺测量圆柱件底面到圆柱顶面的尺寸，测量误差不大于 0.06mm	10
8	尺寸精度	量圆柱件底面到圆柱顶面的尺寸误差不超过图纸名义尺寸正负 0.06mm	10
9	安全操作	按实习要求着装，操作符合安全规范	10
10	结束工作	按操作规范清理复位机床，按规定归放刀具及工夹量具	10

评价标准：
（1）圆柱面的尺寸精度。
（2）圆柱面曲面误差（行距间的残留高度）。
（3）铣削圆柱面的表面粗糙度。
（4）铣削圆柱面的位置精度。

 思考与练习

1. 铣削圆柱面所使用刀具的种类。
2. 为什么圆角刀具不能加工连续内凹圆柱面？
3. 使用圆角刀具加工曲面的优点。
4. 加工圆柱面的常用走刀方式有几种？
5. 当铣削圆柱面纵向走刀时，行距是否与节距相等？
6. 当铣削圆柱面纵向走刀时，进刀方式可以采用圆弧、平行轴直线和斜线，在何种情况下可以使用斜线进刀方式？
7. 根据圆柱曲面允许误差（行距间的残留高度）计算最大允许行距。
8. 圆柱面手工编程，当走刀方式为横向走刀时，子程序该如何编制？
9. 纵向走刀方式和横向走刀方式的优缺点。
10. 圆柱面手工编程加工练习（横向走刀方式和纵向走刀方式）。

课题二　球面铣削

学习目标

掌握球面加工手工编程的排刀方法。

任务引入

球面铣削是指在三坐标数控铣床加工圆球面的一部分，最大不超过 1/2 球面，超过 1/2 球面刀具和工件会产生干涉现象，球面可以是内凹球面，也可以是外凸球面。圆球面的铣削与圆柱面铣削除走刀路线有区别外，其他大体上相同。

如图 7-2-1 所示为一球面加工工件。材料为硬铝，并已预加工完成。

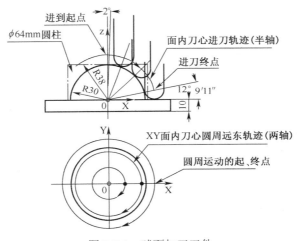

图 7-2-1　球面加工工件

任务分析

球面铣削加工的刀具与圆柱面铣削的刀具完全相同，铣削连续对称内凹圆球面时只能使用球头刀，铣削内凹不连续圆球面和外凸圆球面时可以使用球头刀或圆角刀。球头刀或圆角刀的圆弧半径越大，在相同的节距进给下，残留高度越小。

加工图 7-2-1 所示半球使用 $\phi 16$ 球头铣刀按球心编程，刀具先在 ZX 面内沿 1/4 圆弧向下进刀，每次进刀 2°——半轴，然后在 XY 面内作圆周运动——两轴。半球高度为 30，一般 $\phi 16$ 球头铣刀 $a_p=32$，故需提前去除部分材料。

相关知识

球面的铣削方式有两种，一种是由上向下，另一种是由下向上。走刀方式一般有两种：平行于加工平面的整圆和垂直于加工平面的圆弧，手工编程多用平行于加工平面的整圆的走刀方式。

手工编程的进刀方式有两种，一种是圆弧进刀方式，当使用球头立铣刀加工球面时，进刀圆弧的半径等于球面半径+球头立铣刀半径；另一种是直线进刀，进刀轴分别进给，以避免在进刀过程中发生过切。

如图 7-2-2 所示为利用平头铣刀加工球面的方法。其中，（a）图中按刀心编程，刀心在 XZ 面内沿圆弧下刀（半轴），在 XY 面内作环切（两轴）。为避免平头铣刀在 XZ 面内下刀时产生过切，刀心下刀圆弧的圆心应与轮廓圆心错开一个刀具半径。（b）图中使用球头铣刀加工凸半球，按铣刀球心编程，球心在 XZ 面内沿圆弧下刀，在 XY 面内作环切，不会产生过切。（c）图中使用球头铣刀加工凸球，按铣刀球心编程，球心在 XY 面内沿圆弧进刀，在 YZ 面内作半圆周行切。（d）图中使用球头铣刀加工凹半球（凹半球精加工只能使用球头铣刀），按铣刀球心编程，球心在 XZ 面内沿圆弧进刀，在 XY 面内作环切。

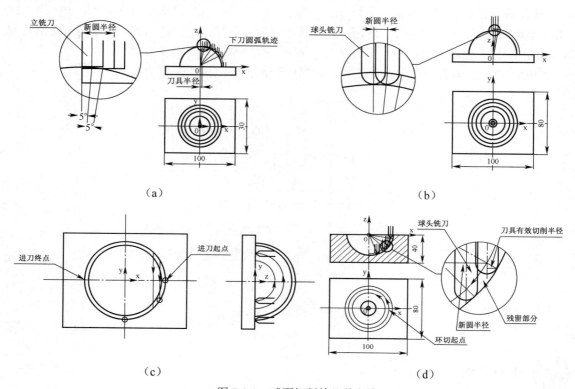

图 7-2-2　球面切削的几种方法

 任务实施

1. 工艺准备

（1）工序安排。用 $\phi20$ 端刃过中心立铣刀，分层粗加工出一个 $\phi64$、高 30 的圆柱凸台（这样加工半球时就不用分层加工了）。用 $\phi16$ 球头铣刀加工凸半球。

（2）切削刀具。

加工项目	刀具号	刀具类型	主轴转速（r/min）	进给速度（mm/min）		切削深度（mm）	刀补号
				半轴进给	周向		
$\phi64$、高 30 的圆柱体	T01	$\phi20$ 端刃过中心立铣刀	600	40	80	15/次	H01 D11=10
半球加工	T02	$\phi16$ 球头铣刀	600	50	100	—	H02

（3）编程坐标系。以半球的球心作编程零点。

（4）走刀路线。在 XZ 面内沿 1/4 圆弧进给，XY 面内顺时针整圆切削。

2. 程序清单

```
O7200;
G54 G00 G17 G80 G40 G49 G90;              保险句
                                          换取φ20 立铣刀，加工φ64 圆凸台
                                          建立刀具长度补偿

S600 M03 M08;
X0. Y0.;
Z32.;                                     接近工件
N100 G00 G41 X32. Y0. D11;                建立刀具半径补偿（D11=10）
G01 Z15. F40;                             下刀
G02 I-32. J0. F80.;                       φ64 圆凸台加工
G00 Z32.;                                 抬刀
G40 X0. Y0.;                              取消刀具半径补偿
G00 Z150.;                                取消刀具长度补偿
                                          换取φ16 球头铣刀，凸半球加工

S600 M03;
M08;
X0. Y0.;                                  以球心编程，到达初始平面
Z40.;                                     接近工件
N200 G01 Z38. F50.;                       接触工件
G18 G03 X1.326 Z37.977 R38. F50.;         XZ 平面内下刀到88°
G17 G02 I-1.326 J0. F100.;                XY 平面内环切
G18 G03 X2.651 Z37.907 R38. F50;          XZ 平面内下刀到86°
G17 G02 I-2.651 J0. F100.;                XY 平面内环切
G18 G03 X3.972 Z37.792 R38. F50.;             84°
G17 G02 I-3.972 J0. F100.;
G18 G03 X5.289 Z37.630 R38. F50.;             82°
G17 G02 I-5.289 J0. F100.;
G18 G03 X6.598 Z7.423 R38. F50.;              80°
G17 G02 I-6.598 J0. F100.;
G18 G03 X7.901 Z37.170 R38. F50.;             78°
G17 G02 I-7.901 J0. F100.;
G18 G03 X9.193 Z36.871 R38. F50.;             76°
G17 G02 I- 9.193 J0. F100.;
G18 G03 X10.474 Z36.528 R38. F50.;            74°
G17 G02 I-10.474 J0. F100.;
G18 G03 X11.743 Z36.140 R38. F50.;            72°
G17 G02 I-11.743 J0. F100.;
G18 G03 X12.997 Z35.708 R38. F50.;            70°
G17 G02 I-12.997 J0. F100.;
G18 G03 X14.235 Z35.233 R38. F50.;            68°
G17 G02 I-14.235 J0. F100.;
G18 G03 X15.456 Z34.715 R38. F50.;            66°
G17 G02 I-15.456 J0. F100.;
G18 G03 X16.658 Z34.154 R38. F50.;            64°
G17 G02 I-16.658 J0. F100.;
G18 G03 X17.840 Z33.552 R38. F50.;            62°
G17 G02 I-17.840 J0. F100.;
G18 G03 X19. Z32.909 R38. F50.;               60°
```

```
G17 G02 I-19. J0. F100.;
G18 G03 X20.137 Z32.226 R38. F50.;            58°
G17 G02 I-20.137 J0. F100.;
G18 G03 X21.249 Z31.503 R38. F50.;            56°
G17 G02 I-21.24 J0. F100.;
G18 G03 X22.336 Z30.743 R38. F50.;            54°
G17 G02 I-22.336 J0. F100.;
G18 G03 X23.395 Z29.944 R38. F50.;            52°
G17 G02 I-23.395 J0. F100.;
G18 G03 X24.426 Z29.110 R38. F50.;            50°
G17 G02 I-24.426 J0. F100.;
G18 G03 X25.427 Z28.240 R38. F50.;            48°
G17 G02 I-25.42 J0. F100.;
G18 G03 X26.397 Z27.335 R38. F50.;            46°
G17 G02 I-26.397 J0. F100.;
G18 G03 X27.335 Z26.397 R38. F50.;            44°
G17 G02 I-27.335 J0. F100.;
G18 G03 X28.240 Z25.427 R38. F50.;            42°
G17 G02 I-28.240 J0. F100.;
G18 G03 X29.110 Z24.426 R38. F50.;            40°
G17 G02 I-29.110 J0. F100.;
G18 G03 X29.944 Z23.395 R38. F50.;            38°
G17 G02 I-29.944 J0. F100.;
G18 G03 X30.743 Z22.336 R38. F50.;            36°
G17 G02 I-30.743 J0. F100.;
G18 G03 X31.503 Z21.249 R38. F50.;            34°
G17 G02 I-31.503 J0. F100.;
G18 G03 X32.226 Z20.137 R38. F50.;            32°
G17 G02 I-32.226 J0. F100.;
G18 G03 X32.909 Z19. R38. F50.;               30°
G17 G02 I-32.909 J0. F100.;
G18 G03 X33.552 Z17.840 R38. F50.;            28°
G17 G02 I-33.552 J0. F100.;
G18 G03 X34.154 Z16.658 R38. F50.;            26°
G17 G02 I-34.154 J0. F100.;
G18 G03 X34.715 Z15.456 R38. F50.;            24°
G17 G02 I-14.235 J0. F100.;
G18 G03 X35.233 Z14.235 R38. F50.;            22°
G17 G02 I-35.233 J0. F100.;
G18 G03 X35.708 Z12.997 R38. F50.;            20°
G17 G02 I-35.708 J0. F100.;
G18 G03 X36.140 Z11.743 R38. F50.;            18°
G17 G02 I-36.140 J0. F100.;
G18 G03 X36.528 Z10.474 R38. F50.;            16°
G17 G02 I-36.528 J0. F100.;
G18 G03 X36.871 Z9.193 R38. F50.;             14°
G17 G02 I-36.871 J0. F100.;
G18 G03 X37.148 Z8.000 R38. F50.;             12.153°
G17 G02 I-37.148 J0. F100.;
G49 G00 Z150.;
G91 G30 Z0.;
M30;
```

3．工件加工

（1）开机，各坐标轴手动回机床原点。

（2）工件的定位、装夹和找正。

（3）刀具安装。

（4）对刀、确定工件坐标系，并确定各刀具长度补偿值。

（5）程序输入，并调试。

（6）自动加工。

（7）取下工件，清理并检测。

（8）清理工作现场。

 操作提示

球面铣削应提前除去部分材料。

（1）球头刀或圆角刀的圆弧半径越大，在相同的节距下，残留高度越小。

（2）为避免平头铣刀在 XZ 面内下刀时产生过切，刀心下刀圆弧的圆心应与轮廓圆心错开一个刀具半径。

（3）凹半球精加工只能使用球头铣刀。

考核评价

序号	评价项目	评价标准	备注
1	球头铣刀装夹	将弹簧夹套正确地装入刀柄，然后将直柄球头铣刀装入，装夹长度要合适	10
2	虎钳找正	找正后虎钳钳口平行度误差不大于 0.03mm	10
3	工件装夹	选择合适的垫铁，工件加工面超出钳口高度适中，检查工件装夹基准面是否与垫铁和钳口贴实无间隙	10
4	工件找中	用寻边器以工件四边为基准找正工件中心，对中误差 0.02mm（主轴转速最高不超过 500n/min）	10
5	对刀	使用高度对刀仪标定所使用球头铣刀的刀具长度值，与实际值误差不超过 0.04mm	10
6	建立工件坐标系	工件坐标系应与程序相吻合	10
7	尺寸测量	用游标卡尺测量球件底面到圆柱顶面的尺寸，测量误差不大于 0.06mm	10
8	尺寸精度	量圆柱件底面到球顶面的尺寸误差不超过图纸名义尺寸正负 0.06mm	10
9	安全操作	按实习要求着装，操作符合安全规范	10
10	结束工作	按操作规范清理复位机床，按规定归放刀具及工夹量具	10

评价标准：

（1）圆球面都的尺寸精度。

（2）圆球面曲面误差（行距间的残留高度）。

（3）铣削圆球面的表面粗糙度。

（4）铣削圆球面的位置精度。

思考与练习

1. 铣削圆球面所使用刀具的种类。
2. 铣削圆球面的走刀方式与圆柱面的走刀方式有何不同？
3. 手工编程铣削圆球面与铣削圆柱面（横向走刀方式）编程相比，哪一种程序更为简练？
4. 当铣削圆球面进刀方式采用圆弧时，是否进刀平面与走刀平面是同一平面？
5. 当铣削圆球面时，行距是否与节距相等？
6. 当铣削圆球面时，进刀方式是否可以采用斜线？
7. 当铣削圆球面时，进刀方式是否可以采用平行轴直线？
8. 根据圆球曲面允许误差（行距间的残留高度）计算最大允许行距。
9. 铣削圆球面的节距计算。
10. 圆球面手工编程加工练习（等节距进刀方式）。

课题三　锥面铣削

学习目标

掌握锥面加工的手工编程排刀方法。

 任务引入

如图 7-3-1 所示为一带锥面的腰鼓形工件，材料为硬铝。

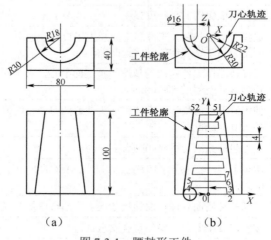

（a）　　　　　　　　（b）

图 7-3-1　腰鼓形工件

 任务分析

使用球头铣刀加工半腰鼓形曲面，按铣刀球心编程，刀心可沿母线进刀、沿圆弧行切，也可沿圆弧进刀、沿母线行切，但后者坐标计算困难（三维坐标）。

腰鼓形曲面的母线为三维斜线，手工编制该两维半加工程序时只能在 XY 面内沿母线进刀——半轴、然后在 ZX 面内沿半圆环切——两轴。选择 $\phi16$ 球头铣刀按球心编程，X 轴行距取

4mm。受球头铣刀切削刃长度限制，需粗加工去除中间余料。

 相关知识

圆锥面铣削方法：圆锥面铣削同圆柱面铣削有相似之处，走刀路线的方式也与铣削圆柱面相同，不同的是，圆柱面轴向线是平面直线，而圆锥面轴向线是三维空间直线，如图 7-3-2 所示。当采用纵向走刀方式时，行距之间是不平行的。在径向上，圆柱面的截面圆弧是等径圆弧，而圆锥面的截面圆弧是变径圆弧，其行距可以保持平行，横向走刀方式的铣削效率要比纵向走刀方式要高。圆锥面的手工编程比起圆柱面和圆球面更加麻烦。

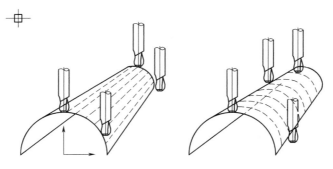

图 7-3-2　锥面铣削的走刀路线

 任务实施

1. 工艺准备

（1）工序安排。先粗加工，去除腰鼓形工件中间部位多余的材料，然后成型腰鼓面。

（2）切削刀具。

加工项目	刀具号	刀具类型	主轴转速（r/min）	进给速度（mm/min）		切削深度（mm）	刀补号
				半轴进给 Z 向	周向		
腰鼓形工件	T01	$\phi16$ 球头铣刀	800	50	100	—	—

（3）编程坐标系。如图 7-3-1 所示

（4）走刀路线。如图 7-3-3 所示。

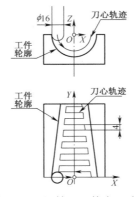

图 7-3-3　腰鼓形工件走刀路线

2. 程序清单

O7300;
G54 G00 G17 G80 G40 G49 G90;　　　　　　保险句
　　　　　　　　　　　　　　　　　　　　换取φ16 球头铣刀，换刀

Z100.;
S800 M03 M08;　　　　　　　　　　　　　启动主轴，开冷却液
N100 X0. Y110.;　　　　　　　　　　　　准备去除中间余料
Z0.;　　　　　　　　　　　　　　　　　　下刀
G01 Y-10. F100.;　　　　　　　　　　　　粗加工去除部分中间余料
G00 Z10.;　　　　　　　　　　　　　　　抬刀
N200 X-21.943. Y0.;　　　　　　　　　　　1 点，XY 平面内到达下刀位置
G01 Z0. F40.;　　　　　　　　　　　　　下刀
G18 G02 X21.943 R21.943 F40.;　　　　　　半圆行切 1 点→2 点
G01 X21.463 Y4. F100.;　　　　　　　　　2 点→3 点
G18 G03 X-21.463 R X21.463 F40.;　　　　3 点→4 点
G01 X-20.983 Y8. F100.;　　　　　　　　4 点→5 点
G18 G02 X20.983 R X20.983 F40.;　　　　　5 点→6 点
G01 X20.503 Y12. F100.;　　　　　　　　6 点→7 点
G18 G03 X-20.503 R20.503 F40.;　　　　　7 点→8 点
G01 X-20.023 Y16. F100.;　　　　　　　8 点→9 点
G18 G02 X20.023 R20.023 F40.;　　　　　9 点→10 点
G01 X19.543 Y20. F100.;　　　　　　　　10 点→11 点
G18 G03 X-19.543 R19.543 F40.;　　　　　11 点→12 点
G01 X-19.063 Y24. F100.;　　　　　　　12 点→13 点
G18 G02 X19.063 R19.063 F40.;　　　　　13 点→14 点
G01 X18.583 Y28. F100.;　　　　　　　　14 点→15 点
G18 G03 X-18.583 R18.583 F40.;　　　　　15 点→16 点
G01 X-18.103 Y32. F100.;　　　　　　　16 点→17 点
G18 G02 X18.103 R18.103 F40.;　　　　　17 点→18 点
G01 X17.623 Y36. F100.;　　　　　　　　18 点→19 点
G18 G03 X-17.623 R17.623 F40.;　　　　　19 点→20 点
G01 X-17.143 Y40 F100.;　　　　　　　　20 点→21 点
G18 G02 X17.143 R17.143 F40.;　　　　　21 点→22 点
G01 X16.663 Y44. F100.;　　　　　　　　22 点→23 点
G18 G03 X-16.663 R16.663 F40.　　　　　23 点→24 点
G01 X-16.183 Y48. F100.;　　　　　　　24 点→25 点
G18 G02 X16.183 R16.183 F40.;　　　　　25 点→26 点
G01 X15.703 Y52. F100.;　　　　　　　　26 点→27 点
G18 G03 X-15.703 R15.703 F40.;　　　　　27 点→28 点
G01 X-15.223 Y56. F100.;　　　　　　　28 点→29 点
G18 G02 X15.223 R15.223 F40.;　　　　　29 点→30 点
G01 X14.743 Y60. F100.;　　　　　　　　30 点→31 点
G18 G03 X-14.743 R14.743 F40.;　　　　　31 点→32 点
G01 X-14.263 Y64. F100.;　　　　　　　32 点→33 点
G18 G02 X14.263 R14.263 F40.;　　　　　33 点→34 点
G01 X13.783 Y68. F100.;　　　　　　　　34 点→35 点
G18 G03 X-13.783 R13.783 F40.;　　　　　35 点→36 点
G01 X-13.303 Y72. F100.;　　　　　　　36 点→37 点
G18 G02 X13.303 R13.303 F40.;　　　　　37 点→38 点

G01 X12.823 Y76. F100.;	38 点→39 点
G18 G03 X-12.823 R12.823 F40.;	39 点→40 点
G01 X-12.343 Y80. F100.;	40 点→41 点
G18 G02 X12.343 R12.343 F40.;	41 点→42 点
G01 X11.863 Y84. F100.;	42 点→43 点
G18 G03 X-11.863 R11.863 F40.;	43 点→44 点
G01 X-11.383 Y88. F100.;	44 点→45 点
G18 G02 X11.383 R11.383 F40.;	45 点→46 点
G01 X10.903 Y92. F100.;	46 点→47 点
G18 G03 X-10.903 R10.903 F40.;	47 点→48 点
G01 X-10.423 Y96. F100.;	48 点→49 点
G18 G02 X10.423 R10.423 F40.;	49 点→50 点
G01 X9.943 Y100. F100.;	50 点→51 点
G18 G03 X-9.943 R9.943 F40.;	51 点→52 点
G00 Z10.;	抬刀
G91 G31 Z0.;	Z 轴回换刀点

3．工件加工

（1）开机，各坐标轴手动回机床原点。

（2）工件的定位、装夹和找正。工件装夹时锥面的轴线平行于 Y 轴。

（3）刀具安装。

（4）对刀，确定工件坐标系。

（5）程序输入，并调试。

（6）自动加工。

（7）取下工件，清理并检测。

（8）清理工作现场。

 操作提示

（1）使用球头铣刀加工半腰鼓形曲面，按铣刀球心编程。

（2）先粗加工去除腰鼓形工件中间部位多余的材料，然后成型腰鼓面。

（3）合理选择球刀半径，提高锥面表面质量的同时提高效率。

考核评价

序号	评价项目	评价标准	备注
1	球头铣刀装夹	将弹簧夹套正确地装入刀柄，然后将直柄球头铣刀装入，装夹长度要合适	10
2	虎钳找正	找正后虎钳钳口平行度误差不大于 0.03mm	10
3	工件装夹	选择合适的垫铁，工件加工面超出钳口高度适中，检查工件装夹基准面是否与垫铁和钳口贴实无间隙	10
4	工件找中	用寻边器以工件四边为基准找正工件中心，对中误差 0.02mm（主轴转速最高不超过 500n/min）	10
5	对刀	使用高度对刀仪标定所使用球头铣刀的刀具长度值，与实际值误差不超过 0.04mm	10
6	建立工件坐标系	工件坐标系应与程序相吻合	10

序号	评价项目	评价标准	备注
7	尺寸测量	用游标卡尺测量圆锥件底面到大端圆锥顶面的尺寸，测量误差不大于 0.06mm	10
8	尺寸精度	量圆柱件底面到圆锥两侧面顶面的尺寸误差不超过图纸名义尺寸±0.06mm	10
9	安全操作	按实习要求着装，操作符合安全规范	10
10	结束工作	按操作规范清理复位机床，按规定归放刀具及工夹量具	10

评价标准：

（1）圆锥面的尺寸精度。

（2）圆锥面曲面误差（行距件的残留高度）。

（3）铣削锥柱面的表面粗糙度。

（4）铣削锥柱面的位置精度。

 思考与练习

1．铣削圆锥面纵向走刀方式和横向走刀方式相比，哪一种走刀方式效率更高？

2．根据圆柱曲面允许误差（行距间的残留高度）计算最大允许行距。

3．纵向走刀方式和横向走刀方式的优缺点。

4．圆锥面手工编程加工练习（横向走刀方式）。

模块八　凸凹模铣削综合训练

学习目标

掌握凸凹模的加工方法。

 任务引入

配合件加工工艺的主要特点是保证配合件之间的配合精度，配合件不保证和其他组的配合件的互换性，保证互换性并具有较高配合精度的工件的加工难度要比只保证配合精度工件的加工难度要高。有典型代表的配合件有冷冲压模具的凸模和凹模的加工。

如图 8-1-1 所示为一对配合的凸凹模，材料为硬铝，要求单侧配合间隙 0.01～0.04mm，尖角倒钝。

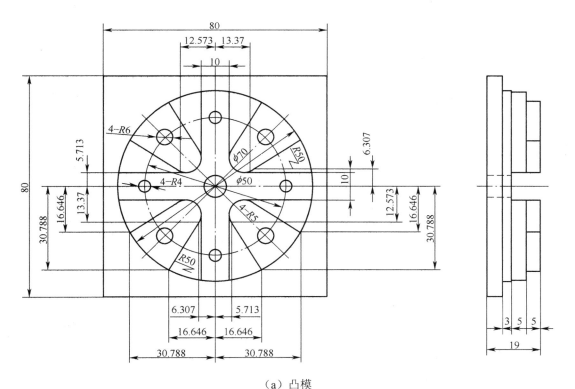

（a）凸模

图 8-1-1　凸凹模

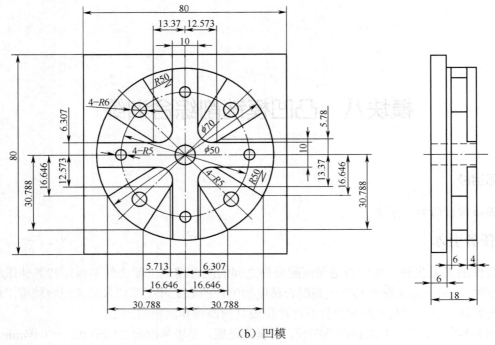

（b）凹模

图 8-1-1　凸凹模（续图）

 任务分析

　　配合件加工一般采用叫做"配作"的加工方法，即首先加工配合件中的一个件，加工完毕后，再根据实际的加工成活尺寸加上配合间隙形成另一配合件实际加工尺寸。在一般情况下，习惯上先加工配合件的凸模，然后配作凹模。因为轴的测量要比孔的测量方便一些，轴测量精度也要比孔测量精度高一些。

 相关知识

　　在很多情况下，配合件上的轮廓形状既有外轮廓的凸模，又有内轮廓的凹模，凸凹模复合在一个工件上。配合件的数控铣削的加工工艺准备注意事项如下：

　　（1）配合件最好先加工凸模，然后根据加工后的凸模实际尺寸配作凹模。配合件不要同时加工，配作的加工工艺可以降低加工难度，保证加工质量。

　　（2）配合件的加工顺序应按层。

　　（3）所以加工工序在一次装夹中尽可能全部完成，以最大程度的保证配合件的轮廓形状的位置精度，如果无法避免二次装夹，则二次装夹时工件的找正将是极为困难的事，并且二次装夹时的位置误差在理论上不可避免。

　　（4）对于在一个配合件上既有外轮廓又有内轮廓的凸凹复合模，则应先加工第一层是凸模的配合件，如本案例，"十"字形外轮廓位于第一层，便于尺寸测量。

　　（5）配合件在粗加工时，为避免过大的背吃刀量损坏刀具，采用层降铣削方式，在精铣时应尽可能一次完成铣削深度，避免"接刀"，以保证加工表面一致的尺寸精度和表面粗糙度。对于尺寸精度较高或直径较小、刚性较差的铣刀，建议尽量采用逆铣。

（6）对于配合件上有位置精度要求的孔的加工，一定要预先用中心钻钻定位孔，应用钻、扩、铰孔加工工艺，对于位置精度要求较高、直径大于 16mm 的孔，为确保其位置精度，可考虑使用镗孔工艺。

（7）在凸模配合件试配之前，一定要将尖角处的毛刺清除，以免影响装配精度，造成配合间隙超差。

 任务实施

1．工艺准备

（1）工序安排。先加工凸模，配做凹模。

（2）切削刀具。凸凹加工可使用同一套刀具加工，但凸凹两工件需要两次装夹，故加工凹模前需要重新对刀，修正 H01_H05 中的值，或使用其他刀具补偿 H11_H15。由于凸凹模的形状有一一对应关系，为减轻重复编程量，若凸凹模为单件加工，则推荐修改 H01_H05 中的值为宜。

加工项目	刀具号	刀具型号	主轴转速（r/min）	进给速度（mm/min）		切削深度（mm）	刀补号	
				Z 向	轮廓方向		长度	半径
凸凹模各层轮廓	T01	φ10 端刃过中心铣刀	1000	40	80	5mm/次	H01/H11	D51
中心孔	T02	φ10 NC 90° 中心钻	1000	60	—	1mm/次	H02/H12	
钻孔	T03	φ4 钻头	1500	60	—	3mm/次	H03/H13	
钻孔	T04	φ6 钻头	1200	60	—	3mm/次	H04/H14	
钻孔	T05	φ8 钻头	1000	60	—	3mm/次	H05/H15	

（3）编程坐标系。凸凹模均以毛坯中心为 XY 零点，Z 轴零点位于工件上表面。

（4）走刀路线。凸凹模的 φ70 凸圆采用 1/4R12 圆弧切入/切出，这样可使刀具延至工件外下刀，其他轮廓选择尖点下刀。另外，由于是凸凹模配合，除十字槽以外，所有轮廓均采用顺铣，残余材料手动去除。

2．程序清单

凸模：

O8100;
```
    G54 G00 G17 G80 G40 G49 G90;        保险句

    S1000 M03 M08;
    X0.Y47.;
    Z-5.;                               φ70 凸圆加工，第一层
    P 8101;
    Z-10.;                              φ70 凸圆加工，第二层
    P8101;
    Z-15.;                              φ70 凸圆加工，第三层
    P8101;
    Z-5.;                               十字槽加工
```

```
G01 Y-50. F80;
G00 Z-10.;
G01 Y50.;
G00 Z2.;
G00X-50. Y0.;
Z-5.;
G01 X50.;
G00 Z-10.;
G01 X-50.;
G00 Z2.;
G00 G41 X30.788 Y16.646 D11;          四角处轮廓加工
G01 Z-5. F40;
G03 X13.37 Y6.307 R50. F80;
G02 X6.307 Y13.37 R5.;
G03 X16.646 Y30.788 R50.;
G00 Z2.;
X-16.646 Y30.788;
G01 Z-5. F40;
X5.713 Y17.573 F80;
G02 X-12.573 Y5.713;
G01 X30.788 Y16.646;
G00 Z2.;
X-30.788 Y-16.646;
G01 Z-. F40;
G03 X-13.37 Y-6.307 R50. F80;
G02 X-6.307 Y13.37 R50.;
G03 X-16.646 Y-30.788 R50.;
G00 Z2.;
X16.646 Y-30.788;
G01 Z-5. F50.;
X5.713 Y-17.573 F80;
G02 X12.573 Y-5.713 R5.;
G01 X30.788 Y-16.646;
G00 Z2.;
G40 X0. Y0.;
G49 Z300.;
M05;
M09;
M30;
O8220;                                中心孔加工
S1000 M03 M08;
G99 G81 X25. Y0.Z-11. R-8. F60;
X0. Y0.;
G98 X-25.;
G99 Y25.;
G98 Y-25.;
G99 X-17.695 Y-17.695;
Y17.695;
```

X17.695;
Y-17.695;
G80 G49 Z300.;
M05;
M09;
M00;

四个 ϕ4 孔加工

S1000 M03 M08;
G43 Z100. H03;
G99 G73 X25. Y0.Z-22. R-8. Q3. F60;
G98 X-25.;
G99 Y25.;
G98 Y-25.;
G80 G49 Z300.;
M05;
M09;
M30;

四个 ϕ6 孔加工

S1000 M03 M08;
G43 Z100. H04;
G99 G73 X17.695 Y17.695 Z-25. R2. Q4. F60;
X-17.695;
Y-17.695;
X17.695;
G80 Z300.;
M05 M09 M00;

ϕ8 孔加工

S1000 M03 M08;
G99 G73 X0. Y0. Z-25 R-8. Q4. F60;
G80 G49 Z300.;
M30;

O8101; ϕ70 凸圆加工子程序
  G41 X-12. Y47. D51;
  G03 X0. Y35. R12.;
  G02 X0. Y35. I-35. J0.;
  G03 X12. Y47. R12.;
  G40 G00 X0. Y47.,;
  M99;
凹模：
O8200;
  G54 G00 G17 G80 G40 G49 G90;   保险句
  G43 Z100. H01;
  S1000 M03 M08;
  X0.Y47.;
  Z-4.; ϕ70 凸圆加工，第一层
  P 8101;
  Z-8.; ϕ70 凸圆加工，第二层

```
P8101;
Z-12.;                                          φ70 凸圆加工，第三层
P8101;
Z2.;
G41 X5. Y35. D51;                               4 个 1/4 扇形加工
G01 Z-4 F40;
X5. Y5. F80, R5.;
X-35.;
G00 Z2.;
Y-5.;
G01 Z-4. F40;
X5. F80, R5.;
Y-35.;
G00 Z2.;
X-5.;
G01 Z-4. F40;
G01 Y-5. F80, R5.;
X-35.;
G00 Z2.;
Y5.;
G01 Z-4 F40;
X5. F80, R5.;
Y35.;
G00 Z2.;
X16.646 Y30.788;                                四个射形加工
G01 Z-10. F40;
X5.713 Y12.573 F80;
G03 X12.573 Y5.713 R5.;
G01 X30.788 Y16.646;
G00 Z2.;
X30.788 Y-16.646;
G01 Z-10. F40;
G02 X13.37 Y-6.307 R50. F80;
G03 X6.307 Y-13.37 R5.;
G02 X16.646 Y-30.788 G50.;
G00 Z2.;
X-16.646 Y-30.788;
G01 Z-10. F40;
X-5.713 Y-12.573 F80;
G03 X-12.573 Y-5.713 R5.;
G01 X-30.788 Y-16.646;
G00 Z2.;
X-30.788 Y16.646;
G01 Z-10. F40;
G02 X-30.788 Y16.646 R50. F80;
G03 X-6.307 Y13.37 R5.;
G02 X-16.646 Y30.788 R50.;
G00 Z2.;
G40 X0. Y0.;
```

```
G49 Z300.;
M05 M09 M00;
```

中心孔加工

```
S1000 M03 M08;
G99 G81 X25. Y0.Z-1. R2. F60
X0.Y0.;
X-25.;
Y25.;
Y-25.;
X-17.695 Y-17.695 Z-5.;
Y17.695;
X17.695;
Y-17.695;
G80 G49 Z300.;
M05 M09 M00;
```

四个 $\phi 4$ 孔加工

```
S1000 M03 M08;
G99 G73 X25. Y0.Z-20. R2. Q3. F60;
X-25.;
Y25.;
Y-25.;
G80 G49 Z300.;
M05 M09 M00;
```

四个 $\phi 6$ 孔加工

```
S1000 M03 M08;
G99 G73 X17.695 Y17.695 Z-22. R2. Q4. F60;
X-17.695;
Y-17.695;
X17.695;
G80 G49 Z300.;
M05 M09 M00;
T05;
```

$\phi 8$ 孔加工

```
S1000 M03 M08;
G43 Z100. H05;
G99 G73 X0. Y0. Z-22 R2. Q4. F60;
G80 G49 Z300.;
M30;
```

3. **工件加工**

（1）开机，各坐标轴手动回机床原点。

（2）工件的定位、装夹和找正。

（3）刀具安装。

（4）对刀，确定工件坐标系，并确定各刀具补偿值。

（5）程序输入，并调试。

（6）自动加工。

（7）取下工件，清理并检测。

（8）清理工作现场。

操作提示

（1）通过对图的理解，表明了设计基准，也可以从装配示意图中捕捉到设计要求，找出影响配合的关键尺寸，并谨慎加工。

（2）在保证零件尺寸精度的条件下，加工顺序的合理对最终的装配起决定作用。配合件一般情况下先加工凸模，凸模的尺寸易测量，后根据凸模的尺寸配作凹模，以保证加工质量。

（3）为了便与配合，凸模的尺寸公差应加工到中下差，凹模的尺寸公差应加工到中上差。

（4）凹凸模配合之前一定要去除毛刺，以免影响装配精度，造成配合间隙超差。

（5）孔的尺寸是保证装配准确的关键尺寸，其位置精度、形状精度、尺寸精度均对装配公差产生较大的影响。应该准确保证孔与顶面的垂直关系、孔径的最终尺寸精度，粗加工留出合适的余量。

（6）如果有空间相对窄小的加工平面，则要避免过切。

（7）在配合时出现的配合面，在加工中必须通过公差带的计算解决过定位造成的装配困难的问题。例如：利用尺寸链的计算来保证配合要求。

（8）切削用量必须根据零件的装夹状态、刀具悬出长度、冷却情况、机床刚性等实事求是地给出，这里的程序给出的切削用量只是在一定的特定条件下有效，因为实际上不可能零件每次试切状态都一样。

 考核评价

序号	评价项目	评价标准	备注
1	虎钳找正	找正后虎钳钳口平行度误差不大于 0.03mm	5
2	工件装夹	选择合适的垫铁，工件加工面超出钳口高度适中，检查工件装夹基准面是否与垫铁和钳口贴实无间隙	5
3	工件找中	用寻边器以工件四边为基准找正工件中心，对中误差正负 0.02mm（主轴转速最高不超过 500n/min）	10
4	对刀	使用高度对刀仪标定所使用立铣刀的刀具长度值，正确计算零刀具与其他刀的长度差并输入机床，与实际值误差不超过 0.04mm	10
5	建立工件坐标系	工件坐标系应与程序相吻合	5
6	轮廓分层加工	在轮廓加工过程中，及时安全清除切屑，冷却液充分冷却，精加工前测量加工余量，根据加工余量，修正刀具半径补偿值以保证轮廓的图纸尺寸精度要求	15
7	粗糙度	深槽侧壁粗糙度不大于 Ra3.2	15
8	凸凹配合	保证凸凹配合间隙单边 0.04mm，配合后销子应能从孔中穿过	15
9	尺寸测量	用外径千分尺测量 80mm 长度尺寸，测量误差不大于 0.03mm	10
10	安全操作	按实习要求着装，操作符合安全规范	5
11	结束工作	按操作规范清理复位机床，按规定归放刀具及工夹量具	5

评价标准：

（1）凸模件尺寸精度。

（2）凸模件铣削表面粗糙度。

（3）凸凹模的配合间隙是否合乎图纸要求。

（4）凸凹模配合后各孔的位置同心度（用圆柱销检查）。

（5）尖角是否倒钝。

（6）轮廓切入点选择是否合理。

 思考与练习

1．在加工凸凹模时，是先加工凸模还是先加工凹模？

2．如何确定凸凹模的实际间隙？

3．在本课题中有两个相同的轮廓对称分布，是使用旋转指令还是使用镜像指令？使用哪种指令铣削效果更好？

4．为保证凸模上的孔与凹模上的孔的同心度，应如何安排孔的加工工艺和工序？

5．练习用千分尺精确测量凸模尺寸。

6．练习用塞尺检测凸凹模配合间隙。

7．完成图 8-1-2 所示凸凹模的数控铣削编程。

8．完成图 8-1-3 所示凸凹模的数控铣削编程。

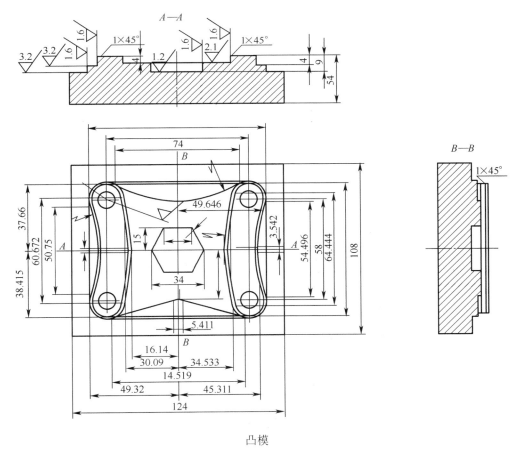

凸模

图 8-1-2

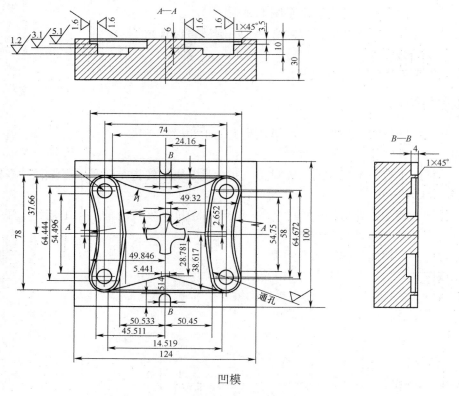

凹模

图 8-1-2（续图）

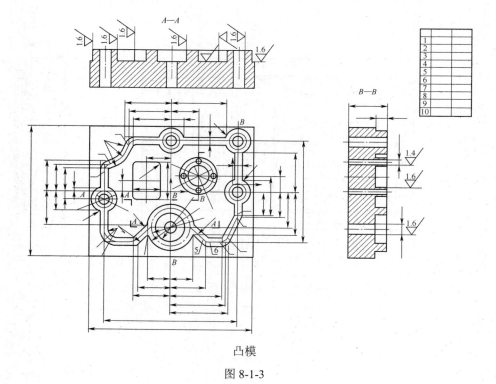

凸模

图 8-1-3

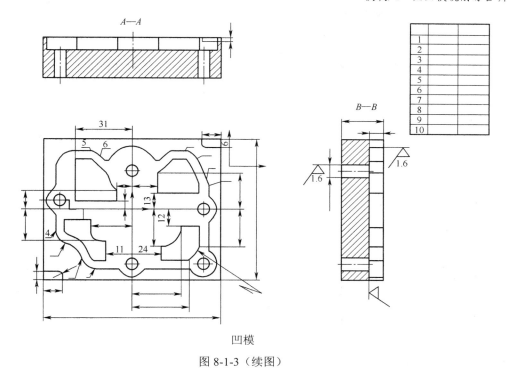

凹模

图 8-1-3（续图）

提示：该凸凹模编程可利用凸模中的中心轨迹编程，且凸模中内、外轮廓编程时，只对几个圆形轨迹稍加改动即可（如 G02 变 G03 等）。

模块九　加工中心加工程序编制

学习目标

1. 能编制箱体零件加工工艺；
2. 能正确编制自动换刀程序，合理地进行箱体零件加工。

 任务引入

加工如图 4-2-1 所示工件。

 任务分析

该零件既有平面轮廓，又有不同直径的孔需要加工，需要刀具较多，是加工部位集中在单一端面上的板类零件。加工中心具有自动换刀装置，在一次安装中可以完成零件上平面的铣削，以及孔系的钻削、镗削、铰削、铣削及攻螺纹等多工步加工。容易保证加工表面之间较高的相互位置精度，减少辅助时间，提高工作效率。这次改为用加工中心来加工该零件。

 相关知识

一、加工中心的概念与工艺特征

1. 加工中心

加工中心（CNC）是由机械设备与数控系统组成的用于加工复杂形状工件的高效率自动化机床。加工中心备有刀库，具有自动换刀功能，是对工件一次装夹后进行多工序加工的数控机床。加工中心是高度机电一体化的产品，工件装夹后，数控系统能控制机床按不同工序自动选择，更换刀具，自动对刀，自动改变主轴转速、进给量等，可连续完成钻、镗、铣、铰、攻丝等多种工序，因而大大减少了工件装夹时间、测量和机床调整等辅助工序时间，对加工形状比较复杂、精度要求较高、品种更换频繁的零件具有良好的经济效果。加工中心是一种功能较全的数控机床，它集铣削、钻削、铰削、镗削、攻螺纹和切螺纹于一身，具有多种工艺手段，与普通机床加工相比，具有许多显著的工艺特点。

（1）加工精度高。在加工中心上加工零件，其工序高度集中，一次装夹即可加工出零件上大部分甚至全部表面特征，避免了工件多次装夹所产生的装夹误差，因此，加工表面之间能获得较高的相互位置精度。同时，加工中心多采用半闭环甚至全闭环的位置补偿功能，有较高的运动精度、定位精度和重复定位精度，在加工过程中产生的尺寸误差能及时得到补偿，与普通机床相比，能获得较高的尺寸精度。

（2）精度稳定。整个加工过程由加工程序自动控制，不受操作者人为因素的影响，同时没有凸轮、靠模等硬件，省去了制造和使用中磨损等所造成的误差，加上机床的位置反馈补偿功能及较高的定位精度和重复定位精度，加工出的零件尺寸一致性好。

（3）效率高。一次装夹能完成较多表面的加工，减少了多次装夹工件所需的辅助时间。

同时，减少工件在机床与机床之间、车间与车间之间的周转次数和运输工作量。

（4）表面质量好。加工中心主轴转速和各轴进给量均是无级调速，有的甚至具有自适应控制功能，能随着刀具、工件材质及刀具参数的变化，将切削参数调整到最佳数值，从而提高了各加工表面的质量。

（5）适应性好。零件每个工序的加工内容、切削用量、工艺参数都可以编入加工程序，可以随时修改，为新产品试制、实行新的工艺流程和试验提供了方便。

但是，在加工中心上进行加工，与在普通机床上加工相比较也有一些不足。例如，刀具应具有更高的强度、硬度和耐磨性；悬臂切削孔时，无辅助支承，刀具还应具备很好的刚性；在加工过程中，切屑易堆积，会缠绕在工件和刀具上，影响加工顺利进行，需要采取断屑措施和及时清理切屑；一次装夹完成从毛坯到成品的加工，无时效工序，工件的内应力难以消除；加工中心的价格一般都在几十万元到几百万元，一次性投入较大；使用、维修管理要求较高，要求操作者具有较高的技术水平。

2．加工对象

针对加工中心的工艺特点，其适用于加工形状复杂、加工内容多、要求较高，以及需用多种类型的普通机床和众多的工艺装备且经多次装夹和调整才能完成加工的零件。

二、多把刀具的对刀方法

在数控铣实际加工中，大多数加工要使用一把以上的刀具。两把刀具长度相同的可能性几乎为零，为了保证多把刀具的刀尖与被加工表面在加工时的精确位置，使得使用多把刀具加工的程序能够连续运行，数控机床的数控系统设置了 G43/G44/G49 等刀具长度补偿指令。

1．刀具长度的测量方法

刀具长度的测量方法有两种：一种是机内测量，另一种是机外测量。测量刀具的位置有两种位置：一种是测量刀具的刀尖位置，一种是测量刀具安装的刀具零点位置。这两种方法分别适用于不同的测量方法。机内测量只能对刀具的刀尖进行比较测量，这是一种刀具的相对长度测量方法。机外对刀仪测量则既可以对刀具的刀尖进行相对长度测量，也可以对刀具的安装零点到刀尖的绝对长度的测量，后者常由于大型生产中。

（1）机内测量。

机内测量是指用数控铣床来测量刀具的长度，数控机床本身具有测量功能，用机内对刀的测量刀具长度的方法只能测量铣刀的刀尖位置。具体的测量方法有两种：直接测量和间接测量。

直接测量是使被测量刀具的刀尖直接与被加工工件的工件表面接触，前提是工件的对刀表面是精基准面。对刀时，刀具可以是转动的也可以是静止的，但一定要极其小心，一旦刀尖与工件表面接触就要立刻停止进给，否则当刀具转动时会损坏被加工的工件表面，刀具静止时会损坏刀具和工件表面。较好的办法是用手慢慢转动刀具，当刀尖在工件表面划出很轻的痕迹时，就表明刀刃已和工件表面接触，立即停止进给并记下 Z 坐标值。

间接测量是使用对刀器，如图 2-2-19 所示，对刀器的对刀上表面有弹性，这样可以避免划伤被加工工件的表面和损坏刀具，尤其对初学者尤为适宜。使用对刀器时一定要记住将对刀器的高度从 Z 值中减去。

也可以选择在机床工作台上装备机内铣刀长度自动对刀仪，实现自动对刀，提高加工效率，但对刀仪的价格昂贵。

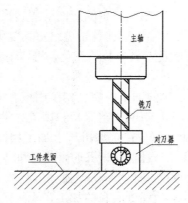

图 9-1-1　间接测量

（2）机外测量。

机外测量是指用单独的专用对刀仪进行刀具长度测量，如图 2-2-20 所示，其优点是减少占用机床的时间，提高生产率，缺点是要购置对刀仪。机外测量的方法经常被大中型机加工企业所采用。用机外对刀仪测量刀具长度既可以进行相对测量也可以进行绝对测量。

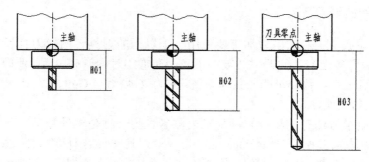

图 9-1-2　机外测量

2. 零刀具和其他刀具

在刀具长度的相对测量方法中会设定一把刀具的长度值为零，零刀具的刀具也称之为基准刀具，基准刀具除标定自身的长度外，还是测量其他使用刀具长度的测量基准，其他刀具的长度值是与零刀具长度的差值，如图 2-2-21 所示。

在实际加工中可以使用零刀具，也可以不使用零刀具。当使用零刀具参与加工时，如果零刀具在加工过程中损坏，更换新刀具的长度值不可能与原先零刀具的长度值相等，这样就要将所以使用的其他刀重新再测量标定，加大了对刀工作量。如果在实际加工中不使用零刀具，则所以参与加工的刀具全部是零刀具，如果无论哪一把刀具再加工过程中损坏，更换刀具后只需要单独对该刀具进行测量标定就可以了。或当零刀具在加工过程中损坏，将新更换的刀具也测量标定为其他刀具。

当用机外对刀仪以刀具的安装零点对刀具长度进行测量标定，则所有使用的刀具都是其他刀具，都需要进行刀具长度补偿。

三、刀库与自动换刀装置

刀库式自动换刀装置是由刀库和刀具交换机构组成，目前它是多工序数控机床上应用最广泛的换刀方法。刀库用来储存刀具，可装在主轴箱、工作台或机床的其他部件上。有的自动换刀装置因刀库距主轴较远，还需要增加中间搬运装置。选刀时，刀具交换机构根据数控指令从刀库中选出所指定的刀具，然后从刀库和主轴取出刀具，并进行交换；将新刀装入主轴（或刀架），把用过的旧刀放回刀库。

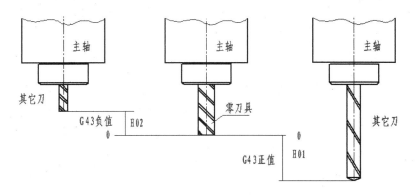

图 9-1-3　刀具长度补偿值的确定

1. 刀库类型

刀库是存放加工过程中所使用的全部刀具的装置，容量从几把刀到上百把刀。加工中心常用的刀库形式有：鼓盘式刀库、链式刀库和格子盒式刀库。

（1）鼓盘式刀库。

鼓盘式刀库结构简单、紧凑，在钻削中心上应用较多。一般存放刀具数目不超过 32 把。

目前，大部分的刀库安装在机床立柱的顶面和侧面，当刀库容量较大时，为了防止刀库转动造成的振动对加工精度的影响，也有的安装在单独的地基上。图 9-1-4 所示为刀具轴线与鼓盘轴线平行布置的刀库。

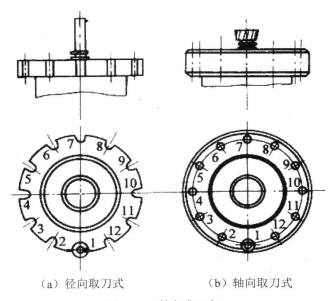

（a）径向取刀式　　　　（b）轴向取刀式

图 9-1-4　鼓盘式刀库

（2）链式刀库。

链式刀库是在环形链条上装有许多刀座，刀座的孔中装夹各种刀具，链条由链轮驱动，如图 9-1-5 所示。当链条较长时，可以增加支承链轮的数目，使链条折叠回绕，提高空间利用率。

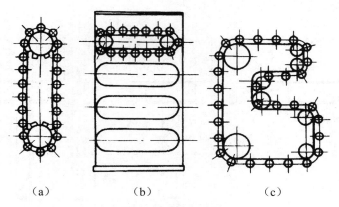

（a）　　　　　　　（b）　　　　　　　（c）

图 9-1-5　链式刀库

（3）格子盒式刀库。

图 9-1-6 所示为固定型格子盒式刀库。刀具分几排直线排列，由纵、横向移动的取刀机械手完成选刀运动，将选取的刀具送到固定的换刀位置刀座上，由换刀机械手交换刀具。这种形式的刀具排列密集，空间利用率高，刀库容量大，但换刀动作复杂。

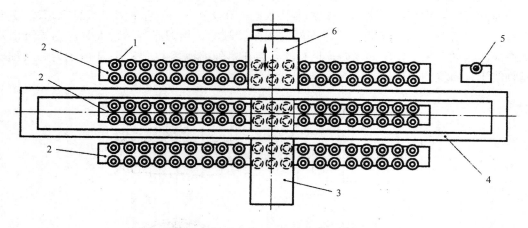

1—刀座；2—刀具固定架板；3—取刀机械手横向导轨；
4—取刀机械手纵向导轨；5—换刀位置刀座；6—换刀机械手

图 9-1-6　固定型格子盒式刀库

2. 刀库的容量

从使用角度出发，刀库的容量一般为 10～40 把，刀库的容量过大会增加刀库的尺寸和占地面积，使刀库利用率降低，结构过于复杂，使选刀时间增长。

据资料分析，对于钻削加工，用 10 把刀具就能完成 80% 的工件加工，用 20 把刀具就能完成 90% 的工件加工；对于铣削加工，只需 4 把铣刀就可以完成 90% 的铣削工艺；从完成被加工工件的全部工序考虑进行统计，得到的结果是大部分（超过 80%）的工件完成其全部加工只需 40 把左右刀具就足够了。

3．选刀方式

（1）顺序选刀：必须严格按加工工序的顺序，在刀库中依次摆放刀具。使用完的刀具应放回原来的刀座，或按顺序放入下一个刀座内。

优点：结构简单，工作可靠。

缺点：不同工序中的刀具不能重复使用，相应地增加了刀的数目和刀库容量。

（2）任意选刀：刀具在刀库中可以任意存放，但须有刀具识别装置。

优点：相同的刀具可重复使用，要求的刀具数目和刀库容量减少了。

缺点：结构复杂，换刀工作的可靠性降低。

4．刀具编码

（1）刀柄编码方式。

大环为"1"，小环为"0"，通过 n 个环的排列可得到 2n 个代码，其中都为小环的代码不能用。如用六个环可区分 $2^6-1=63$ 把刀。

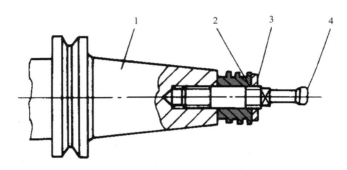

1—刀柄；2—编码环；3—锁紧螺母；4—拉杆

图 9-1-7　刀柄编码示意图

（2）刀座编码方式。

该方式对刀具和刀座都进行编码，用过的刀必须放回到原来的刀座中，增加了换刀的动作。

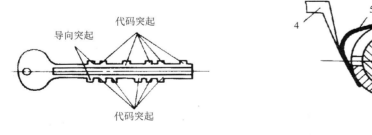

编码钥匙形状　　　　　　　　　　编码钥匙孔剖面图

1、4—炭刷；2、6—钥匙代码凹凸处；3、5—弹簧接触片

图 9-1-8　编码附件方式示意图

（3）编码附件方式。

附件（编码钥匙、编码卡片、编码杆及编码盘等）随着刀具走，通过附件记载的代码转

记到刀座中，实现编码，该方式用过的刀具必须放回到原来刀座中。

特点：属于临时性编码，更具灵活性。

5. 刀具识别装置

（1）接触式识别装置。

特点：结构简单；触针易磨损，寿命短，可靠性差；响应速度慢，难以实现快速换刀。

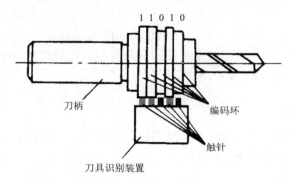

图 9-1-9　接触式刀具识别装置原理图

（2）非接触式识别装置。

特点：无磨损、无噪声，使用寿命长；采用光电识别时的抗干扰能力强；响应速度快，适于频繁换刀和高速换刀的场合。

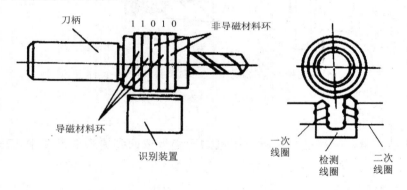

图 9-1-10　磁性识别原理图

6. 刀具交换装置

刀具交换装置是在自动换刀装置中，用于刀库与机床主轴之间传递和装卸刀具的装置。

（1）无机械手换刀。

无机械手的换刀系统一般是采用把刀库放在机床主轴可以运动到的位置，或整个刀库（或某一刀位）能移动到主轴箱可以到达的位置，同时，刀库中刀具的存放方向一般与主轴上的装刀方向一致。换刀时，由主轴运动到刀库上的换刀位置，利用主轴直接取走或放回刀具。图9-1-11 为某立式数控镗铣床无机械手换刀结构示意图。

利用刀库与机床主轴的相对运动来交换刀具虽结构简单，但换刀动作复杂，所需时间长，所以应用较少。

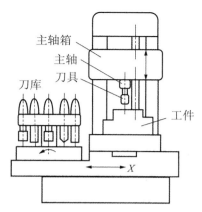

图 9-1-11　无机械手换刀结构示意图

（2）利用机械手换刀。

由于机械手换刀灵活，动作快，换刀所需时间短，且结构简单，所以应用非常广泛。

在加工中心中采用机械手进行刀具交换的方式应用最为广泛，这是因为机械手换刀装置所需的换刀时间短，换刀动作灵活。

一次换刀所需的基本动作：抓刀→拔刀→换刀→插刀→复位。

图 9-1-12 为 TH5632 自动换刀过程。

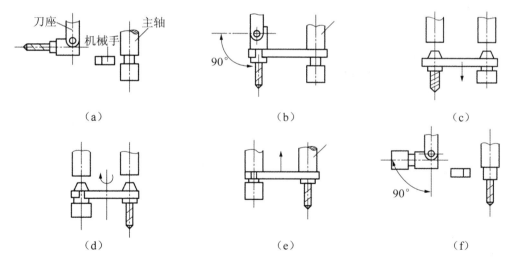

图 9-1-12　TH5632 自动换刀过程

四、数控加工中心换刀指令

指令格式为：M06。

M06 指令用于加工中心换刀，即从刀库调用一把新刀安装在主轴上，并把主轴上原来的旧刀还回刀库。执行 M06 指令后，刀具将被自动地安装在主轴上。

在执行 M06 指令前，一定要用 G28 指令让机床返回参考点，并且取消一切补偿，这是因为有增量式位置检测元件的 Z 轴，为了保证换刀时主轴准停功能的可靠性，必须让机床返回参考点，否则换刀动作可能无法完成。自动换刀要留出足够的换刀空间（固定换刀点、加工中心参考点）。

换刀点：多数加工中心规定在机床 Z 轴零点（Z0），要求在换刀前用准备功能指令（G28）使主轴自动返回 Z0 点。

对卧式加工中心，上面程序的 G28 Z0 应为 G28 Y0。

（1）有机械手换刀。

①选刀和换刀通常分开进行。

主轴返回参考点和刀库选刀同时进行，选好刀具后进行换刀。

…

```
N02 G28 Z0 T02              Z 轴回零，选 T02 号刀
N03 M06                     换上 T02 号刀
```

…

缺点：选刀时间大于回零时间时，需要占机选刀。

②选刀动作与机床加工动作重合。

换刀指令 M06 必须在用新刀具进行切削加工的程序段之前，而下一个选刀指令 T 常紧跟在这次换刀指令之后。

例如，在 Z 轴回零换刀前就选好刀。

…

```
N10 G01 X_ Y_ Z_ F_ T02     直线插补，选 T02 号刀
N11 G28 Z0 M06              Z 轴回零，换 T02 号刀
```

…

```
N20 G01 Z_ F_ T03           直线插补，选 T03 号刀
N30 G02 X_ Y_ I_ J_ F_      顺圆弧插补
```

有的加工中心（TH5632）换刀程序与以上略不同

…

```
N10 G01 X_ Y_ Z_ F_ T02     直线插补，选 T02 号刀
```

…

```
N30 G28 Z0 T03 M06 Z        轴回零，换 T02 号刀，选 T03 号刀
N40 G00 Z1
N50 G02 X_ Y_ I_ J_ F_      圆弧插补
```

换刀过程：接到 T×× 指令后立即自动选刀，并使选中的刀具处于换刀位置，接到 M06 指令后机械手动作，一方面将主轴上的刀具取下送回刀库，另一方面又将换刀位置的刀具取出装到主轴上，实现换刀。

（2）没有机械手换刀。

对于一些带有转盘式刀库且不用机械手换刀的加工中心，其换刀程序如下：

```
M06 T07;                    换刀（M06），选刀（T××）
```

执行该指令，首先执行 M06 指令，主轴上的刀具与当前刀库中处于换刀位置的空刀位进行交换；然后刀库转位寻刀，将 7 号刀转换到当前的换刀位置再次执行 M06 指令，将 7 号刀装入主轴。因此此换刀指令每次都试执行两次 M06 指令。

（3）子程序换刀。

在 FANUC-0 等系统中，为了方便编写换刀程序，系统自带了换刀程序，子程序号通常为 O8999，其程序内容如下：

```
O8999;                      立式加工中心换刀子程序
M05 M09;                    主轴停转，切削液关
```

G80;	取消固定循环	
G91 G28 Z0;	Z 轴返回机床原点	
G49 M06;	取消刀具补偿，刀具交换	
M99;	返回主程序	

注意第一把刀的编程处理。第一把刀直接装在主轴上（刀号要设置），程序开始可以不换刀，在程序结束时要有换刀程序段，要把第一把刀换到主轴上。若加工中心主轴上先不装刀，在程序的开头就需要换刀程序段，使主轴上装刀。以后再重复使用该程序加工时，最前面的加工程序就不需要了。

 任务实施

该零件的任务实施同模块四课题二。只是因在加工中心上加工可以自动换刀，所以编制程序有所不同。在此只列出程序清单，其余不再赘述。加工准备时要提前测好刀具长度，输入刀具长度补偿值。

程序清单：

说明：该程序用于不用机械手自动换刀的加工中心。

主程序为 O1，子程序为 O2、O3、O4、O5、O6。

D01、D02 是需加的半径补偿， H01、H02、H03 为刀具长度补偿值。

O1;	主程序	
M06 T1;		选择换上第一把刀
N1	G90G54G00X50Y0;	快速移动到指定位置
N2	M3S1500;	主轴正转
N3	M8;	切削液开
N4	D01M98P2;	调用子程序 O2 一次
N5	G43H01G0Z100;	Z 轴快速定位
N6	D01M98P3;	调用子程序 O3 一次
N7	G0Z100;	Z 轴快速定位
N8	D01M98P4;	调用子程序 O4 一次
N9	G0Z100;	Z 轴快速定位
N10	D01M98P5;	调用子程序 O5 一次
N11	G0Z100;	Z 轴快速定位
N12	M98P6;	调用子程序 O6 一次
N13	G0Z100;	Z 轴快速定位
N14	D02M98P2;	调用子程序 O2 一次
N15	G0Z100;	Z 轴快速定位
N16	D02M98P3;	调用子程序 O3 一次
N17	G00Z100;	Z 轴快速定位
N18	D02M98P4;	调用子程序 O4 一次
N19	G0Z100;	Z 轴快速定位
N20	D02M98P5;	调用子程序 O5 一次
N21	G0Z100;	Z 轴快速定位
N22	M5;	主轴停转
N23	M9;	切削液停
M06 T2;	换上中心钻 T2	
N32	G90G54G00X-9Y9;	快速移动到指定位置
N33	M3S15OO;	主轴正转

N34	M8;	切削液开
N35	G43H02Z5O;	Z 轴快速定位
N36	G81Z-2R1F50;	固定循环指令孔加工
N37	Y-9;	
N38	G80;	取消固定循环
N39	M05;	主轴停转
N40	M09;	切削液停

M06 T3;　钻头

N51	G90G54G00X-9Y9;	快速移动到指定位置
N52	M3S12OO;	主轴正转
N53	M8;	切削液开
N54	G43H03Z5O;	Z 轴快速定位
N55	G83Z-7R1Q2F80;	固定循环指令打孔加工
N56	Y-9;	
N57	G80;	取消固定循环
N58	M05;	主轴停转
N59	M9;	切削液停
N60	M30;	程序结束

O2;　子程序（铣外轮廓）

N1	G00Z50;	Z 轴快速定位
N2	Z5;	Z 轴快速定位
N3	G41G01X34Y10F300;	X、Y 方向进给，并调用刀具半径补偿
N4	Z-10;	
N5	GO3X24Y0R10;	
N6	G01Y-24,C2;	
N7	X-24,C2;	外轮廓
N8	Y24,C2;	
N9	X24,C2;	
N10	Y0;	
N11	G03X34Y-10R10;	
N12	G1Z5;	
N13	GO0Z50;	
N14	G40X50;	取消刀具半径补偿
N15	M99;	子程序结束

O3;　子程序（铣内轮廓）

N1	G00Z50;	Z 轴快速定位
N2	Z5;	Z 轴快速定位
N3	G41G01X-22Y10F300;	X、Y 方向进给，并调用刀具半径补偿
N4	Z-6F30;	
N5	G01X-22.2Y0;	
N6	Y-22,R6;	
N7	X8.8,R5.5;	内轮廓
N8	Y-16;	
N9	X16.8;	
N10	Y-8;	
N11	X22.8，R5.5;	

N12　Y8,R5.5;
N13　X16.8;
N14　Y16;
N15　X8.8;
N16　Y22,R5.5;
N17　X-22.2,R6;
N18　Y0;
N19　Z5;
N20　G0Z50;
N21　G40X50;　　　　　　　取消刀具半径补偿
N22　M99;　　　　　　　　子程序结束

O4;　　子程序（铣岛屿）
　　N1　　G00Z50;　　　　　　　Z轴快速定位
　　N2　　Z5;　　　　　　　　　Z轴快速定位
　　N3　　G41G01X-14Y0F300;　　X、Y方向进给，并调用刀具半径补偿
　　N4　　Z-6F30;
　　N5　　Y13,R2F300;
　　N6　　G01X0.5;
　　N7　　Y3,R4.5;
　　N8　　X7;　　　　　　　　　内轮廓
　　N9　　G02Y-3R3;
　　N10　G01X0.5,R4.5;
　　N11　Y-13;
　　N12　X-14,R2;
　　N13　Y-4.5,R2;
　　N14　X-5;
　　N15　G03Y4.5R4.5;
　　N16　G01X-14，R2;
　　N17　Y13.5;
　　N18　Z5;
　　N19　G0Z50;
　　N20　G40X50;　　　　　　　取消刀具半径补偿
　　N21　M99;　　　　　　　　子程序结束

O5;　　子程序（铣直径为9的圆）
　　N1　　G00Z50;　　　　　　　Z轴快速定位
　　N2　　Z5;　　　　　　　　　Z轴快速定位
　　N3　　X-5Y0;
　　N4　　G01Z-9F30;
　　N5　　G41G01X-0.5Y0F300;　　X、Y方向进给，并调用刀具半径补偿
　　N6　　G1Z5;
　　N7　　GO0Z50;
　　N8　　G40X50;　　　　　　　取消刀具半径补偿
　　N9　　M99;　　　　　　　　子程序结束

O6;　　子程序（去除余料）
　　N1　　G00Z50;　　　　　　　Z轴快速定位

N2   Z5;   Z 轴快速定位
N3   G01X-23Y-30F300;   X、Y 方向进给
N4   Z-2.08;
N5   Y23;
N6   X9.5;
N7   Y19;
N8   X12;
N9   Y23;
N10   X23;
N11   Y9;
N12   X19;
N13   Y8;
N14   X23;
N15   Y-8;
N16   X19;
N17   Y-9;
N18   X23;
N19   Y-23;
N20   X12;
N21   Y-19;
N22   X9.5;
N23   Y-23;
N24   X-30;
N25   G1Z5;
N26   G0Z50;
N27   M99;   子程序结束

操作提示

在数控编程时，一定要阅读机床编程说明书。因为尽管系统相同，但不同厂家的产品还是会有区别。有的加工中心只要输入 T1 即可将 1 号刀调出装到主轴上，有的加工中心则必须有 M06 指令才可换刀。